高頻交換式電源供應器
原理與設計 第二版

High-Frequency Switching Power Supplies, 2e

George C. Chryssis 原著

梁適安 編譯

Mc
Graw
Hill
Education

全華圖書股份有限公司

高頻交換式電源供應器原理與設計 第二版

1 1　P H W　2 0 1 6

原　　著	George C. Chryssis
編　　譯	梁適安

合作出版
暨發行所　美商麥格羅希爾國際股份有限公司台灣分公司
台北市中正區博愛路 53 號 7 樓
TEL: (02) 2383-6000　　FAX: (02) 2388-8822

全華圖書股份有限公司
新北市土城區忠義路 21 號
TEL: (02) 2262-5666　　FAX: (02) 2262－8333
http://www.chwa.com.tw | www.opentech.com.tw
E-mail: book@chwa.com.tw
郵政帳號: 0100836-1

總 經 銷　全華圖書股份有限公司

出版日期　西元　1995 年　5 月　初版
　　　　　西元　2016 年　4 月　十一刷

印　　刷　普賢王印刷有限公司

定　　價　新台幣 390 元

ISBN：978-957-8967-69-4

我們的宗旨

提供技術新知
帶動工業升級
為科技中文化
再創新猷

資訊蓬勃發展的今日
全華本著「全是精華」的出版理念
以專業化精神
提供優良科技圖書
滿足您求知的權利
更期以精益求精的完美品質
為科技領域更奉獻一份心力

原　序

近年來由於微電子的快速進展，一日千里，在電源系統的設計上變得更為複雜，更有效率，且重量較輕，同時在單位體積內具有較高的功率密度比。因此，所謂的高頻率交換式電源供應器(high-frequency switching power supply)正是符合所需，目前已被廣泛地應用於各電子電路中。

由於電源供應器的複雜性與日俱增，因而專職的工程部門與具高度技術的工程師們，皆紛紛開始著手其研究設計與發展。不幸的是並沒有多少大學畢業的工程師們能成為電源供應器設計專家，僅有那些專門投入於這行業，以其為職業者，才能真正成為這方面的設計工程師。

反過來說，很少的大專院校能提供電力電子這方面的課程，來加強對交換式電源供應器與磁性方面的研究設計。因此，不管是大專院校的同學或是在社會上的工程師們，若想在這方面獲知更豐富的知識，可以多多閱讀電子零件的製造商所提供的相關應用資料，以及專業雜誌所介紹的技術資料。本書以豐富的內容，深入淺出的方式，將近年來所發展研究的交換式電源供應器，結合理論與實際予以介紹。

本書適合於學工程方面的同學或是目前在社會上的工程師們做理

論研究或實際設計，書中的原理都是以最淺顯的方式，讓讀者能深切明瞭，但是在這裡冗長的數學公式推導就予以省略，著重於理論結果與其應用設計。

本書第二版的內容格式大都與第一版相同，祇不過在某些章節裡增加了一些新的內容。而這些新加的資料使得本書的內容更加豐富，並使得讀者在高頻交換式電源供應器的設計上能從20kHz的領域擴展到百萬Hz的領域。

本書第一章首先介紹的是交換式電源供應器的方塊圖，接著以後各章節將會對它的每一部份做深入的解剖分析。同時在本書中並提供設計的方程式，但是較長的數學公式推導則予以省略。另外，書中亦提供了許多例子，可以將理論與實際互相印證。

所有基本的交換式電源供應器結構都會在本書中予以詳加描述，而最近發展出來的一些新結構也會予以說明。交換式的功率電晶體包括了雙極性功率電晶體與功率型的MOSFET，其不同之點書中也做了深入分析與應用。另外，如箝制電路與基極驅動電路之設計，也有詳細的分析。其它的半導體元件，如GTO，同步整流器，快速回復整流器、與肖特基整流器，在書中亦分別予以討論。

尤其是磁性元件的分析與設計，如高頻功率變壓器、功率電感器、以及磁性放大器，都提供了許多應用設計實例來予以驗證。

至於功率控制的PWM IC，在本書中亦將目前在市面上常用的予以詳盡介紹。

在第九章中，我們將對電源供應器回授的迴路穩定度問題提供重要的解析，並以實際、容易明瞭的方式來簡化回授放大器的分析與設計，以降低人們對此部份覺得困難不易理解之程度。

在第十章中將對非常重要的電磁與射頻干擾(EMI-RFI)，提出防止解決之道。

在第十一章中討論的是各國際間的安全需求，並將UL、CSA、VDE、與IEC的安全設計標準提出說明解釋。

本書第一版由於受到讀者熱烈的支持與回響，並提出了許多有建設性的意見，因此，在第二版的修訂中就將這些內容加入本書中。

作者希望本書能成為有志於做交換式電源供應器設計者，一本有價值的，且值得看的參考書籍，並能有所獲益。

最後感謝我的家人及在工作上給我幫助那些人，在寫書這段期間給我的精神鼓舞與支持。

我也要感謝Ellen Dalmus與Claudia Mungle二位在第一版中幫我完成打字的工作，而Barbara Stone與Jami Schmid在第二版中亦幫我完成打字的工作。

George C. Chryssis

譯 者 序

　　轉換式電源供給器(switching power supply，簡稱SPS)為荷蘭人
Neti R.M. Rao於1970年所發展研究出來，SPS在應用上不但體積小、
重量輕，而且功率消耗少，因此，效率非常高，所以在這日趨複雜的
電子、電腦系統中，SPS扮演了一個舉足輕重的角色。

　　自從Apple Ⅱ，IBM PC電腦相繼問世後，SPS就漸露曙光，開始
流行起來，除了應用在電腦上，亦可應用於monitor、terminal、數值
工具機、儀器、音響、通信與飛彈系統等方面。政府在策略性工業中
，亦曾將SPS列為策略性之產品，因此，在可見的未來，確有非常大
的發展潛力，然而目前對製造業者來說，線路中所使用之元件，大部
份似乎尚仰賴進口，這是因為SPS是工作於高頻(20k～200kHz)情況，
因此國內目前適合應用之高頻元件的確不多，如：雙極式電晶體，
MOSFET，電容器，二極體，鐵心等，另外尚有做脈波寬度調變(
PWM)的IC，亦需購自國外，寄望在未來國內這方面之元件都能自給
自足，此乃國人之幸也！

　　目前國內有關SPS的資料與書籍還是非常的少，讀者若是有興趣
可多參考國外的電子專業雜誌、期刊，所刊登的相關資料，對於設計
SPS會有很大的幫助。而作者編譯此書的目的，就是希望能提供國內

設計者一本有價值且實用的參考書籍。

　　由於譯者才疏學淺，利用閒暇之餘來編譯此書，加以時間匆促，疏誤之處在所難免，常祈先進不吝指正。

　　譯書期間承蒙全華科技圖書公司陳本源先生之協助與支持，及吾妻——芬芬幫忙謄稿及校稿，使本書得以順利出版，不勝感激。另外，感謝讀者對原來第一版之支持與愛護，希望這一本原著第二版書經重新翻譯之後，所增加之內容對讀者有所助益，同時也對全華科技圖書公司不惜成本向國外爭取本書之翻譯權由衷敬佩。

譯者　梁適安　謹識

編輯部序

　　「系統編輯」是我們的編輯方針，我們所提供給您的，絕不只是一本書，而是關於這門學問的所有知識，它們由淺入深，循序漸進。

　　本書譯自GEORGE　CHRYSSIS所著之「HIGH-FREQUENCY SWITCHING　POWER　SUPPLIES:THEORY　AND　DESIGN」一書。書中以深入淺出的方式，將近年來所發展研究的交換式電源供應器，結合理論與實際予以介紹。並以最淺顯的方式來解說，同時提供了許多簡單的例子，使讀者對SPS有全盤之了解，並著手從事SPS之設計。十分適合大專電子、電機科系的學生做為輔修教材或從事電力電子與交換式電源供應器設計之工程師的參考書籍。

　　同時，爲了使您能有系統且循序漸進研習相關方面的叢書，我們以流程圖方式，列出各有關圖書的閱讀順序，以減少您研習此門學問的摸索時間，並能對這門學問有完整的知識。若您在這方面有任何問題，歡迎來函連繫，我們將竭誠爲您服務。

相關叢書介紹

書號：05966
書名：電力電子學綜論
編著：EPARC
16K/432 頁/480 元

書號：0246601
書名：交換式電源供給器之理論
　　　與實務設計(修訂版)
編著：梁適安
20K/400 頁/380 元

書號：03297
書名：最新交換式電源技術
日譯：溫坤禮 陳德超
20K/248 頁/240 元

書號：05704
書名：On-board 電源設計活用手
　　　冊
日譯：何中庸
18K/368 頁/450 元

書號：05864
書名：DC/DC 模組化實用電路
編譯：溫榮弘
20K/440 頁/400 元

書號：05885
書名：交換式電源供應器設計與
　　　最佳化
英譯：林伯仁
16K/352 頁/420 元

書號：0597701
書名：太陽電池技術入門
　　　(修訂版)
編著：林明獻
16K/256 頁/390 元

書號：06044
書名：燃料電池基礎
英譯：趙中興
16K/400 頁/500 元

◎上列書價若有變動，請
　以最新定價為準。

流程圖

書號：0312402/0312501
書名：電子學(上/下)
　　　(修訂二版/修訂版)
編著：黃俊達.吳昌崙

書號：06002017/06003007
書名：電子學(上/下冊)
　　　(第八版)(附 Multisim
　　　範例光碟)(修訂版)
英譯：楊棧雲.林光謙.楊伏夷

書號：04436116/04437116
書名：電子學 I / II
　　　(附習作簿)
編著：王金松

書號：0246601
書名：交換式電源供給
　　　器之理論與實務
　　　設計(修訂版)
編著：梁適安

書號：02637
書名：高頻交換式電源供應器
　　　原理與設計
英譯：梁適安

書號：03297
書名：最新交換式電源
　　　技術
日譯：溫坤禮.陳德超

書號：05180027
書名：電力電子分析與模
　　　擬(附軟體、範例
　　　光碟片)(修訂二版)
編著：鄭培璿

書號：05863007
書名：單晶片交換式電源
　　　－設計與應用技術
　　　(附範例光碟)
編譯：梁適安

書號：05864
書名：DC/DC 模組化實
　　　用電路
編譯：溫榮弘

目　　録

第三章　電源轉換器的種類　　　**17**

第四章　轉換器功率電晶體的設計　　85

第五章　高頻率的功率變壓器　141

第六章　電源輸出部份：整流器、電感器與電容器　171

第七章 轉換式穩壓器的控制電路 233

第八章 轉換式電源轉換器周邊附加電路與元件 **269**

第一章

交換式電源供應器
(THE SWITCHING
POWER SUPPLY :
AN OVERVIEW)

1

1-0　概論(INTRODUCTION)

由於積體電路的半導體技術進展神速,因此,系統設計者以及電子產品製造商都特別以輕、薄、短、小做為他們產品特色之一。

而在傳統上,在系統中特別大而笨重的部份就是電源供應器,此種電源供應器由於採用線性的方式設計;因此,具有笨重的隔離變壓器、散熱片以及冷卻風扇。

最近幾年來的趨勢是朝向效率高、重量輕、體積小的電源供應器來發展,因此,高頻率的交換式電源供應器就是惟一的解決之道了。

然而此種新型式的電源供應器卻比傳統的線性式電源供應器來得複雜許多,設計者則須具備有類比電子設計、磁性元件設計以及邏輯與控制設計的專業知識。

由於電源供應器的設計工作已漸漸受到重視,所以,交換式電源供應器在電力電子(power electronics)的領域裡已擴展為一門新興而又有趣的行業,而此時此刻"電源供應器工程師"這個名詞已經被重新定義且在業界重新受到應有的重視。如今在工業界以及大專院校中已經有許多人針對交換式電源供應器做進一步的研究發展,來開拓這迷人未知的領域。

當然在交換式電源供應器這個領域中,其進展是如此的神速,其成果亦相當豐碩。所以,電源供應器會伴隨著電子的進步而有所進步。因此,更小、更有效率、密度更高且具有價格競爭優勢的電源供應器就是時勢所趨了。一般目前高頻的交換式電源供應器其較常用的頻率是在20kHz以上,當然以現今的技術甚至於可以高到MHz的頻率範圍。漸漸地已經有許多製造廠商能夠量產1MHz的電源供應器,未來可能會有更多廠商亦有能力生產此種高頻的產品。目前祇是剛剛開始罷了！

1-1 線性式電源供應器
(THE LINEAR POWER SUPPLY)

　　線性式電源供應器已經是非常成熟的技術了，早在電子技術開始的時代就已經被廣範使用。而此種型式的電源供應器不管是使用真空管或是半導體來製作，基本上其結構與操作都是相同的。

　　在圖1-1所示就是一個簡單的線性式穩壓電源供應器的方塊圖。在圖中我們可以看出此種電源供應器會使用到低頻50Hz或60Hz的變壓器，其功能主要是將交流輸入電壓予以下降至較低的電壓，當然頻率還是保持與原來相同。而此較低的二次側電壓經由整流濾波之後，可以得到一直流的電壓，接著此電壓會饋入串聯通過(series-pass)的主動元件中。

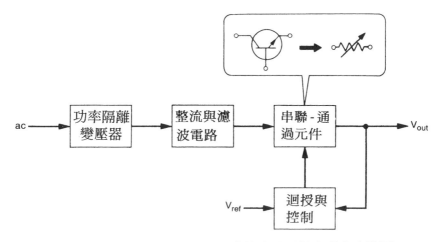

圖1-1 具有穩壓的串聯－通過線性式電源供應器之方塊圖

　　而此時在輸出端所產生的輸出電壓會被取樣，並與固定的參考電壓做比較，接著串聯通過的主動元件就好像是一個"可變電阻器"般，可以將輸出電壓達到控制與穩壓的目的。然而此種結構的操作方式大部份的能量都會以熱的形式消耗掉，因此，電源供應器的效率會低至40％至50％左右。

　　雖然線性式電源供應器一般來說有非常好的穩壓率，以及非常低的輸出雜訊與漣波，不過它的缺點也是顯而易見的。

　　如我們前面所提，由於具有較低的效率，因此，必須使用到大又貴的散熱片，以及冷卻用的風扇，而且為了將交流輸入電壓降下來，還須使用到大又笨重的功率隔離變壓器。所以說此種線性式電源供應器就會變得體積較大且重量較重，因此就非常不適合應用在現今輕薄短小的電子系統中。

　　線性式電源供應器另外一個缺點是，輸入電壓的變動範圍非常狹窄，僅有±10％而已，而且保持時間(hold-up time)也非常低，僅有1ms。

1-2　離線交換式穩壓電源供應器(THE OFF-THE-LINE SWITCHING REGULATED POWER SUPPLY)

　　使用具有穩壓的交換式電源供應器則可大大地減少或消除線性式電源供應器的缺點。

　　在圖1-2所示就是高頻離線交換式電源供應器的方塊圖。在這個圖中，輸入交流電壓直接經由整流與濾波即可獲得一高壓的直流電壓，此電壓會直接饋入至交換元件中。此時交換元件當作開關使用會操作在20kHz至1MHz的高頻狀態，也就是說高壓的直流電壓會被切割成高頻的方波信號，這個時候方波信號經由功率隔離變壓器，在二次側可以獲得事先所設定的電壓準位，然後再經由整流與濾波就可以獲得所需的直流輸出電壓。

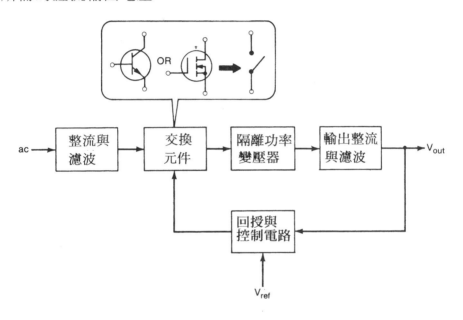

圖1-2　基本的離線交換式穩壓電源供應器

　　若我們將輸出電壓回授至回授與控制電路中，並與固定的參考電壓做比較，則比較出來的誤差信號可以用來控制交換開關的導通或關閉的時間，如此就可獲得具有穩壓的輸出電壓。

　　由於交換開關會交替地處在導通或關閉的狀態，因此，所消耗的能量非常的少，所以，對整個電源供應器而言，它的效率可以高達70％至80％左右。另外一個優點是由於操作在高頻，故功率變壓器的體積可以減小許多。所以，在高效率(沒有大的散熱片)以及非常小的磁性元件之組合下，就可獲得重量輕、體積小的電源供應器，而功率密度更可高達30W/in³，然而線性式電源供應器其功率密度卻僅有0.3W/in³。另外，交換式電源供應器的優點就是具有較寬廣的輸入電壓範圍，例如可以設計交流輸入電壓範圍從90V$_{AC}$至260V$_{AC}$；同時，還具有很好的保持時間，一般都在25ms左右，所以，交換式電源供應器已經成爲電子系統設計者最佳的抉擇。

　　當然交換式電源供應器本身也有一些缺點，就是具有較高的輸出雜訊與漣波，會產生EMI/RFI之干擾，同時在電路的設計上也較複雜些。然而，祇要在設計上非常小心，這些令人困擾的問題也可以大大地降低或減少。

1-2-1　完整的離線電源供應器方塊圖 (The Complete Off-the Line Power Supply Building Blocks)

　　在圖1-3所示爲一完整的高頻離線交換式電源供應器方塊圖。

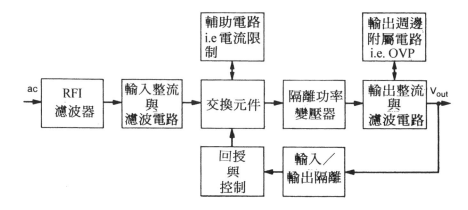

圖1-3　典型的離線高頻交換式電源供應器之方塊圖

　　而本書的目的就是要按步就班地去分析圖1-3的每一個方塊圖，並使得讀者能對交換式電源供應器有更進一步的了解，而且也有能力去設計它。由於交換式電源供應器在輸入整流部份，不需要像傳統的線性式電源供應器有低頻的功率隔離變壓器，因此，在其名稱上就稱為離線(off-the-line)交換式電源供應器。

　　在前一節中，我們已經將交換式電源供應器的基本操作原理詳細描述過了。不過，在圖1-3的方塊圖中，則另外包括了一些重要的部份，例如RFI濾波電路，輔助電路與週邊附屬電路，以及輸入／輸出隔離電路。

　　至於EMI/RFI濾波器電路，一般都會將它與交換式電源供應器一起設計在電路板上，亦有些人在設計上是將它分開的；不管怎麼去設計都要符合國際上的標準規範，例如FCC Class A或Class B，或是VDE-0871的標準。

　　在輔助以及週邊附屬電路中，則可用來保護電源供應器以及電子電路，以免遭受到破壞。而一般在電源供應器上，當有過載情況發生時，則所設計的電流限制保護(current-limit protection)電路就會發生作用，可用來避免電路遭受破壞。另外，當輸出電壓過高時，則過電壓保護(overvoltage protection)電路可用來保護輸出負載以免遭受破壞。有一點要注意的是，在線性電源供應器中，當串聯通過元件損壞時(i.e短路)，常常會有過電壓之情況發生；但是，在交換式電源供應器中，交換元件損壞時，往往是造成沒有輸出的情況發生。若在回授路徑是在開路的情況下，則輸出電壓才會突然變得很高。

　　對於離線的交換式電源供應器來說，輸入部份與輸出部份必須予以隔離。而一般隔離元件可以是光耦合元件或是磁性元件，在設計上

則須滿足UL/CAS或是VDE/IEC之安規標準。對UL與CSA而言，則須
承受100V$_{ac}$之隔離絕緣電壓，而對VDE與IEC而言，則須承受3750V$_{ac}$
之隔離電壓。所以，在設計功率變壓器時，相同地亦需要滿足安規隔
離絕緣之需求。

第二章

電源輸入部份 (THE INPUT SECTION)

2-0 雙倍電壓的技巧(THE VOLTAGE DOUBLER TECHNIQUE)

在前章我們已經提到過轉換式電源供給器，其輸入的AC交流電壓信號，直接予以整流即可，並不需要在輸入端與整流器之間，使用到低頻的隔離變壓器。由於目前製造商對其電子產品都追求國際化，紛紛打入國際市場，因此從事電源供給器的設計者來說，就必須明瞭國際間目前使用的輸入電壓是多少，一般所使用的電壓是90伏特至130伏特交流電壓或是180伏特至260伏特的交流電壓。

在圖2-1所示爲雙倍電壓之電路，當開關S_1置於關閉狀態時，它可操作於115伏特交流電壓下，因此當交流電壓在正半週時，電容器

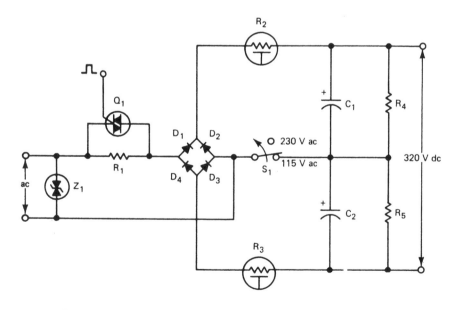

圖 2-1　此電路可用在115V$_{ac}$或230V$_{ac}$輸入電壓，全依開關的位置而定，圖中有突波電流限制器，輸入暫態保護，與放電電阻器

C_1被充電至峰值電壓，此值爲$115V_{ac} \times 1.4 = 160V_{dc}$，而在此正半週期間是經由二極體$D_1$與$D_2$所整流，同理在負半週時，經由二極$D_3$與$D_4$的整流，電容器$C_2$被充電至$160V_{dc}$，而最後輸出的總電壓爲電容器$C_1$與$C_2$的總和值，其大小爲$320V_{dc}$。當開關$S_1$打開時，四個二極體$D_1$-$D_4$就形成全波橋式整流器，可操作於230伏特交流電壓，最後輸出的總電壓也是相同爲$320V_{dc}$。

2-1　零件選擇與設計方法(COMPONENT SELECTION AND DESIGN CRITERIA)

2-1-1　輸入整流器(Input Rectifiers)

當我們選擇使用橋式整流器時，不管是整體包裝的或是由分離元件來組成，設計者都需考慮到以下一些重要規格：

1. 最大順向整流容許值：此值是依轉換式電源供給器所設計的功率大小來決定，所選擇的二極體至少要能承受所計算出來的二倍穩態電流值。

2. 峰值逆向電壓(PIV)阻隔值：由於輸入部份所使用的整流器都是在較高電壓狀態，因此在選擇二極體時，需考慮其峰值逆向電壓(PIV)的額定值，一般都在600伏特以上。

3. 另外需考慮具有較高的突波電流容許值，避免開關在打開瞬間，其峰值電流破壞二極體。

2-1-2 輸入濾波電容器(Input Filter Capacitors)

要如何正確地計算與選擇輸入濾波電容器是一項重要的課題,對以下一些性能參數值會有所影響:也就是電源供給器輸出的低頻交流漣波(ripple)與保持時間(holdover time)。一般來說高品質的電解電容器就具有好的濾漣波電流容許能力,以及低的ESR值,此時電解電容器至少工作於200V_{dc}電壓下。在圖2-1中電阻R_4與R_5,與電容器互相並聯,其作用是當開關電源關閉時,提供電容器放電之路徑。

要計算濾波電容器的公式如下:

$$C = \frac{It}{\Delta V} \tag{2-1}$$

C:電容器,單位μF(微法拉)

I:負載電流,單位A(安培)

t:電容器所能提供電流時間,單位ms(毫秒)

ΔV:容許的峰對峰漣波值,單位V(伏特)

例題2-1

50W的轉換式電源供給器,工作於115V_{ac},60Hz情況下,試計算輸入濾波電容器之值。

解:首先我們需計算直流負載電流,假設此電源供給器在最差的情況下,也有百分之七十的效率,則在50W輸出下,我們可求得其輸入功率大小

$$P_{in} = \frac{P_{out}}{\eta} = \frac{50}{0.7} = 71.5 \text{ W}$$

再利用圖2-1的電壓倍壓方法，可求得在115V$_{ac}$交流輸入電壓下，直流輸出電壓為2(115 × 1.4) = 320V$_{dc}$，因此直流負載電流為

$$I = \frac{P_{in}}{E} = \frac{71.5}{320} = 0.22A$$

現在假設我們設計所能容許的峰對峰漣波值為30V，而且電容器在每一半週情況下必須能維持電壓準位，也就是每一半週對60Hz的交流線頻率來說大約是8ms的時間，使用(2-1)式可得

$$C = \frac{0.22(8 \times 10^{-3})}{30} = \frac{1.76 \times 10^{-3}}{30} = 58 \times 10^{-6} \, F = 58 \, \mu F$$

我們可選用電容器一般標準規格值50μF。

由於倍壓電路之結構電容器C值為C_1值與C_2值串聯之結果，因此當選用C值為50μF時，C_1與C_2值應選用100μF之電容器。

2-2 輸入保護元件 (INPUT PROTECTIVE DEVICES)

2-2-1 突波電流(Inrush Current)

如果設計者在設計轉換式電源供給器時，在輸入部份沒有加入電流限制裝置的話，一般來說，電源供給器在打開瞬間都會有極大的峰值突波電流，而這些電流造成之因，乃由於濾波電容器之充電而引起，在開關導通時，交流線源上就會呈現非常低的阻抗值，其大小約等於ESR值。因此，線路中若沒有保護元件的話，其突波電流甚至可高達數百安培，這是非常危險的。

為了解決突波電流至安全值範圍，以及開關在導通時交流線源上阻抗值問題，我們一般常用以下二種方法，第一種是用電阻——閘控開關(resistor-triac)的組合元件，第二種是使用負溫度係數(negative temperature coefficient NTC)的熱阻體(thermistor)，在圖2-1中，我們可看到這些元件如何應用於線路裏。

電阻-閘控開關的方法：使用電阻——閘控開關的組合元件來達到突波電流限制之目的，需將電阻器串聯於交流線源上，同時將triac與電阻器並聯組合在一起，當輸入濾波電容器已經充滿電荷時，triac會被導通，當然triac要能達到導通狀態，吻合預先設定之情況，必須要有觸發電路(trigger circuit)，來讓它觸發導通方可。另外當triac導通時，所有的輸入電流都會流經其上，因此在元件的選擇上與散熱方面的處理，需多加留意。

熱阻體的方法：使用負溫度係數(NTC)的熱阻體，可置於交流線源上或是置於橋式整流器的直流匯流排上，如圖2-1所示。

在圖2-2中為NTC熱阻體的電阻——溫度特性曲線與溫度係數 α 的關係，當電源供給器開關打開時，經由交流線源上的阻抗值就是熱阻體的電阻值了，如此就可達到限制突波電流的目的。

當電容器開始充電時，電流開始流經熱阻體，此時熱阻體就會有發熱現象產生，由於本身又具有負溫度係數之特性，所以熱阻體溫度升高，其電阻值反而下降了。至於若能正確地選擇熱阻體，在穩態負載電流下，其電阻值將會最小，而且也不會影響到整個電源供給器的效率。

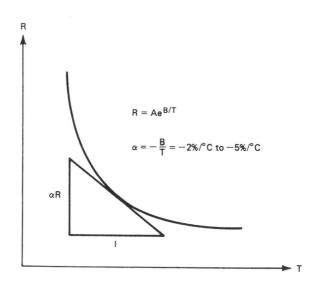

圖 2-2　當溫度增加時 NTC 熱阻體的電阻值快速地下降，α 爲熱阻體的溫度係數以
　　　　每℃的百分比來表示

2-2-2　輸入暫態電壓保護(Input Transient Voltage Protection)

　　雖然目前一般市電其交流電壓的標準額定值一般都爲115V$_{ac}$或是
230V$_{ac}$，然而其共通的都會被感應而有高壓波尖的產生，這是由於附
近的感應交換(inductive switching)所引起或是天然情況所產生如電暴(
electrical storms)或雷電(lightning)之類。尤其是在嚴重的雷雨產生時
，電壓波尖高達5kV是常有之事。

　　我們由感應交換的電壓波尖可得知其儲存的能量爲

$$W = \tfrac{1}{2}LI^2$$

(2-2)

在此L爲電感器的漏電感，I爲流經繞組的電流。

除非能很成功有效地予以抑制,否則電壓波尖雖然時間非常短暫,但是它卻能攜帶足夠的能量,來將輸入整流器與轉換電晶體嚴重破壞。

大多數應用於此種情況的抑制元件為金屬氧化變阻體(metaloxide varistor MOV)暫態電壓抑制器,如圖2-1所示,它裝置於交流線的輸入端。此種元件其作用就如同是一個可變的阻抗,當暫態電壓出現在變阻體兩端時,變阻體的阻抗就會快速地下降到最低值,將輸入電壓定位到安全值範圍,在此暫態期間能量是消耗在變阻體上,以下有幾個步驟是指導如何正確地選擇所需的變阻體元件:

1. 首先要選擇MOV的交流電壓額定值,其值必須比最大的穩態電路值大百分之十到百分之二十左右。

2. 計算或估測電路中可能遇到的最大暫態能量有多少焦耳。

3. 最後要確定此元件的最大峰值突波電流的額定值大小。

以上這三點的額定值若確定無誤後,我們就可以從製造廠商的資料手冊中,查出所需的金屬氧化變阻體了。

第三章

電源轉換器的種類

(TYPES OF POWER CONVERTERS)

3-0 各類轉換器定義與原理 (DEFINITIONS AND DIMENSIONING)

　　雖然有很多作者與研究人員創造研究出很多種類的轉換器電路，但是追根究底還是可歸納出三種最基本的電路出來，第一種稱為"返馳式(flyback)"或者稱為"buck-boost"型式，第二種稱為"順向式(forward)"或者稱為"buck"型式，第三種稱為"推挽式(push-pull)"或是稱為"buck-derived"型式，在圖3-1中，就是返馳式轉換器的基本電路模型，其操作原理說明如下。

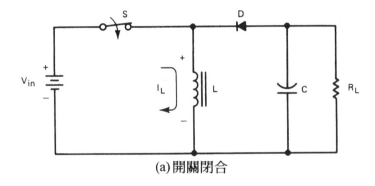

(a)開關閉合

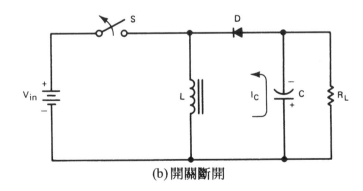

(b)開關斷開

圖3-1 返馳式或是 buck-boost 轉換器

在圖3-1(a)中，當電路中的開關S關閉時，電流就會流經電感器L，並將能量儲存於其中，由於電壓極性的關係，二極體D是在逆向偏壓狀態此時負載電阻R_L上就沒有電壓輸出，當開關S打開時，如圖3-1(b)所示，此時由於磁場的消失，電感器L呈逆向極性，二極體D為順向偏壓，環路中則有I_L感應電流產生，因此負載R_L上的輸出電壓其極性正好與輸入電壓相反，由於開關ON/OFF的作用，使得電感器的電流交替地在輸入與輸出間，連續不斷的改變其方向，不過這二者電流都是屬於脈動電流形式，所以在buck-boost轉換器電路中，當開關是在導通週期時，能量是儲存於電感器裏，反之，當開關是在打開(OFF)週期時，能量會轉移至負載上。

在圖3-2為順向轉換器基本電路型式，其操作原理說明如下，當開關S關閉時，電流就會順向地流經電感器L，此時在負載上就會有帶極性的輸出電壓產生，如圖3-2(a)所示，由於輸入電壓極性的關係，二極體D此時是在逆向偏壓狀態。如圖3-2(b)所示，當開關S打開時

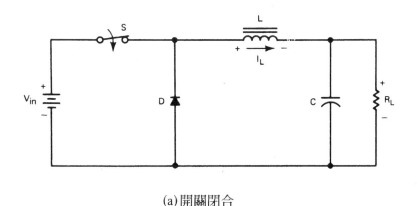

(a)開關閉合

圖3-2　順向式或是buck轉換器

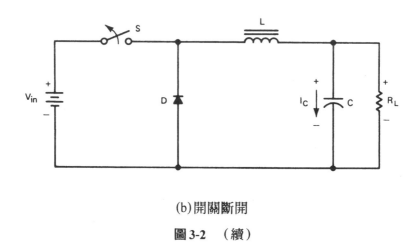

(b)開關斷開

圖3-2　（續）

，電感器L會改變磁場，二極體D則為順向偏壓狀態，因此在電容器C
中就會有電流流過，因此在負載R$_l$上輸出電壓的極性仍是相同的，一
般我們稱此二極體D為"自由轉輪(free-wheeling)"或"飛輪(flywheel)"二
極體。

　　由於此種轉換動作，使得輸出電源是一種連續形式而非脈動電流
形式，相對的由於開關S在ON/OFF之間改變，所以輸入電流則為不連
續形式，也就是所謂的脈動電流形式。

　　最後在圖3-3中則為推挽式轉換器的基本電路型式，其實它是由
二個順向轉換器的電路所組成，操作於互相推挽的動作狀態，開關S$_1$
與S$_2$互相在ON/OFF狀態間互相交換，此種電路一般也稱之為buck-
derived。

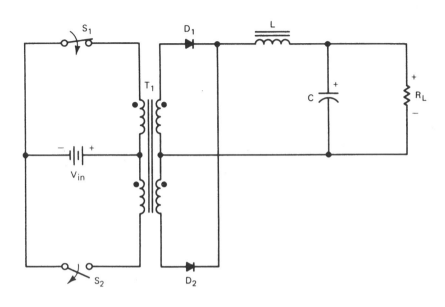

圖3-3　推挽式或是buck-derived轉換器

3-1　隔離返馳式轉換器(THE ISOLATED FLYBACK CONVERTER)

在圖3-1中的返馳式轉換器，其輸入與輸出間，並沒有安全的隔離裝置，一般在轉換式電源供給器裏常用的隔離元件是變壓器(transformer)。更正確的來說，雖然在電路圖中出現是變壓器形式，但是其動作狀態卻是扼流圈(choke)形式，因此我們亦可直呼為變壓器——扼流圈(transformer-choke)。

在圖3-4所示的電路為隔離返馳式轉換器(isolated flyback converter)與其穩態的電路波形。電路的操作原理如下說明，當電晶體Q_1導通時，變壓器的初級繞組漸漸地會有初級電流流過，並將能量儲存於其中，由於變壓器——扼流圈的輸入與輸出繞組，其極性是相反的，

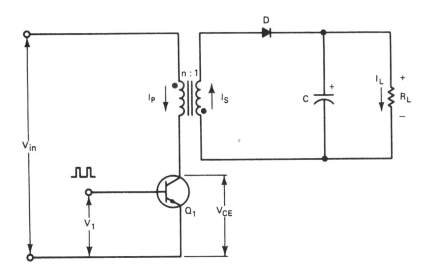

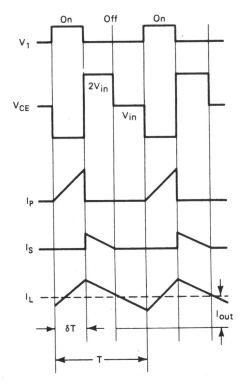

圖3-4 隔離的返馳式轉換器與其波形

因此二極體被逆向偏壓，此時沒有能量轉移至負載。

當電晶體不導通時，由於磁場的消失導致繞組的極性反向，此時二極體D會被導通，輸出電容器C會被充電，負載R_L上有I_L電流流通。

由於此種隔離元件的動作就像是變壓器與扼流圈，因此在返馳式轉換器輸出部份，就不需要額外的電感器了，但是在實際電路應用中，為了抑制高頻的轉換雜訊波尖，我們還是會在整流器與輸出電容器之間加裝小型的電感器。

3-1-1　返馳式轉換器交換電晶體(The Flyback Converter Switching Transistor)

在返馳式轉換器中所使用的轉換電晶體，必須考慮二個因素就是電晶體在OFF時的峰值集極電壓大小與電晶體換成ON時的峰值集極電流大小。此峰值集極電壓乃電晶體在轉換成OFF狀態時，所需承受的電壓大小

$$V_{CE,max} = \frac{V_{in}}{1 - \delta_{max}} \tag{3-1}$$

在此V_{in}為直流輸入電壓，δ_{max}為最大工作週期。

因此(3-1)式，就是告訴我們選擇使用轉換電晶體時，為了避免其受損壞，必須考慮的集極電壓值大小。因此相對地工作週期就必須保持在低值範圍，也就是$\delta_{max} < 0.5$，在實際的應用中，大都是取δ_{max}為0.4，如此峰值集極電壓就限制在$V_{CEmax} \leq 2.2 V_{in}$，所以非線上的返馳式轉換器設計，其電晶體一般我們選擇能有800V左右的工作電壓即可。

另一項要設計選擇的就是電晶體在ON時的集極工作電流，也就

是

$$I_C = \frac{I_L}{n} = I_P$$

(3-2)

在此 I_P 爲變壓器——扼流圈的初級峰值電流，n 是初級對次級的圈數比。

我們亦可用轉換器的輸出功率與輸入電壓，來表示集極的峰值工作電流，其公式導出如下，在扼流圈中能量量轉移的公式可表示如下式

$$P_{out} = \left(\frac{LI_P^2}{2T}\right)\eta$$

(3-3)

在此 η (eta)爲轉換器的效率。

在變壓器——電感器的電壓可表示成

$$V_{in} = \frac{L\,di}{dt}$$

(3-4)

如果我們假設 $di = I_P$，而且 $1/dt = f/\delta_{max}$，則(3-4)式可重寫成

$$V_{in} = \frac{LI_P f}{\delta_{max}}$$

(3-5)

或是

$$L = \frac{V_{in}\delta_{max}}{I_P f}$$

(3-6)

將(3-6)式代入(3-3)式中，我們可得到

$$P_{out} = \left(\frac{V_{in}f\delta_{max}I_P^2}{2fI_L}\right)\eta = \tfrac{1}{2}\eta V_{in}\delta_{max}I_P$$

求解上式可得

$$I_P = \frac{2P_{\text{out}}}{\eta V_{\text{in}}\delta_{\text{max}}} \tag{3-7}$$

現在，再將(3-7)式代入(3-2)式中，就可得到電晶體的工作電流可用輸出功率與輸入電壓來表示

$$I_C = \frac{2P_{\text{out}}}{\eta V_{\text{in}}\delta_{\text{max}}} \tag{3-8}$$

在此假設轉換器的效率爲0.8(80％)，工作週期爲$\delta_{\text{max}} = 0.4(40％)$，則(3-8)式可簡化成

$$I_C = \frac{6.2P_{\text{out}}}{V_{\text{in}}} \tag{3-9}$$

3-1-2　返馳式轉換器變壓器——扼流圈(The Flyback Converter Transformer-Choke)

由於返馳式轉換器的變壓器——扼流圈，其僅在$B-H$特性曲線的單一方向來做轉換運動，因此在設計變壓器——扼流圈時，不可設計於飽和工作狀態，在第五章我們會有較詳細的分析與設計。毫無疑問的所使用的鐵心(core)，需有較大的體積並且有空氣間隙(air gap)。

有效的變壓器——扼流圈的體積大小爲

$$\text{Volume} = \frac{\mu_0\mu_e I_{L,\text{max}}^2 L_{\text{out}}}{B_{\text{max}}^2} \tag{3-10}$$

在此　　$I_{l,\text{max}}$：由負載電流所決定

μ_e：鐵心材料的相對導磁率(permeability)

B_{max}：鐵心的最大磁通密度

我們在選擇相對導磁率時，必須選擇足夠大，以避免鐵心會有溫

度昇高的情形發生，也由於對鐵心與繞線尺寸大小的限制，因此會產生銅損失與鐵心損失(copper and core losses)。

3-1-3　基本返馳式轉換器的變化型式(Variations of the Basic Flyback Converter)

當我們提到基本的返馳式電路時，轉換電晶體在轉換成不導通(turn-off)狀態時，其集極電壓必須承受至少二倍的輸入電壓。因此對商業上使用的電晶體來說，此電壓值就過於高了，爲了解決此問題，我們可使用圖3-5的電路，它是由二個電晶體所組成的返馳式轉換器電路。此二個電晶體在ON或OFF狀態時，會同時一起作用，二極體

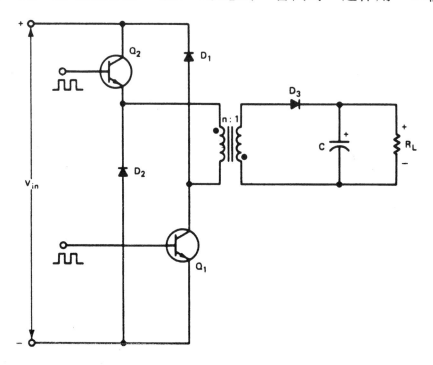

圖 3-5　兩個電晶體返馳式電路限制每一電晶體的集極電壓至V_{in}值

D_1與D_2的動作就如定位二極體(clamping diodes)能夠限制電晶體的最大集極電壓至V_{in}值,因此在選用電晶體時,就可採用耐集極電壓值低的電晶體,但是線路就必須額外使用Q_2,D_1,D_2這三個元件了。

使用返馳式電路的優點就是非常簡單,因此對轉換式電源供給器來說,它可達到多重輸出的目的,此乃隔離元件對所有的輸出,其動作狀態就如一個共有的扼流圈。因此對每一個輸出部份,僅需用到二極體與電容器即可,圖3-6,就是一個實際的電路。

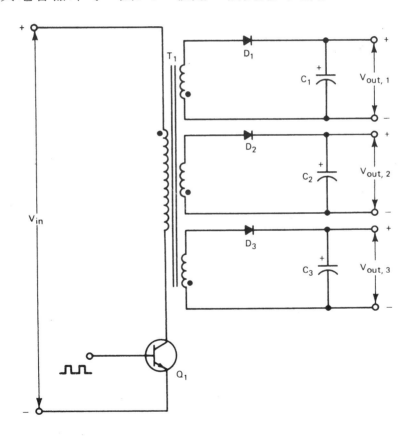

圖3-6　使用返馳式轉換器能夠很容易得出多重輸出,正電壓與負電壓可能使用額外的輸出繞組,二極體與平滑的電容器

3-2　隔離順向式轉換器(THE ISOLATED FORWARD CONVERTER)

　　乍看之下，隔離順向式轉換器(isolated forward converter)的電路與返馳式轉換器的電路，似乎有幾分相似，但是實際研究它，此二電路之間在原理操作上還是有明顯的不同，在圖3-7所示，就是基本的順向式轉換器電路，與電路波形。

　　由於順向式轉換器中所使用的隔離元件，乃是一個真正的變壓器，因此為了獲致正確有效的能量轉移，必須在輸出端有電感器，做為次級感應的能量儲存元件。而變壓器的初級繞組與次級繞組(primary and secondary windings)有相同之極性，如圖中所示的圓圈符號，此電路的操作原理如下：當電晶體Q_1於ON的狀態時，初級繞組漸漸會有電流流過，並將能量儲存於其中，由於變壓器次級繞組有相同的極性，此能量就會順向轉移至輸出，且同時經由順向偏壓二極體D_2，儲存於電感器L中，此時的二極體D_3為逆向偏壓狀態。當電晶體Q_1轉換成OFF狀態時，變壓器的繞組電壓會反向，D_2二極體此時就處於逆向偏壓的狀況，此時飛輪二極體(flywheel diode)D_3則為順向偏壓，在輸出迴路上有導通電流流過，並經由電感器L，將能量傳導至負載上。

　　變壓器上的第三個繞組與二極體 D_1 互相串聯在一起，可達到變壓器消磁(demagnetization)作用，也就是說當電晶體 Q_1 於OFF時，變壓器的磁能會轉回至輸入直流匯流排上。在圖3-7的波形中有黑色部份的區域，乃為磁化——消磁電流(magnetizing-demagnetizing current)

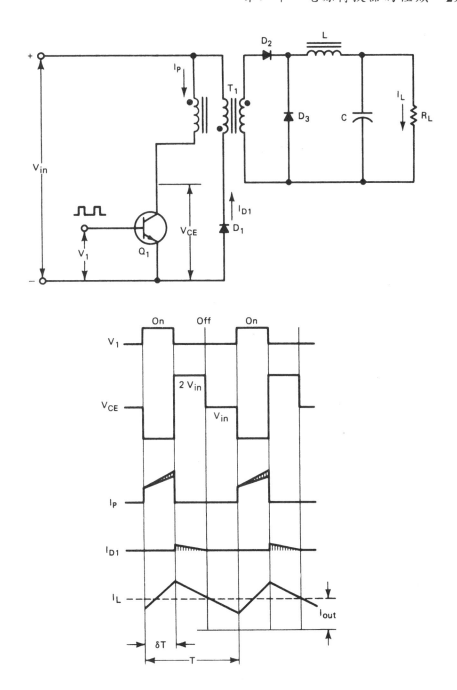

圖3-7　隔離的順向轉換器與其波形。斜線陰影面積則為變壓器磁化電流

$$I_{mag} = \frac{T\delta_{max}V_{in}}{L} \tag{3-11}$$

在此$T\delta_{max}$為Q_1電晶體ON時的週期，L為輸出電感值(微亨利μH)。

3-2-1　順向式轉換器交換電晶體(The Forward Converter Switching Transistor)

在圖3-7中，由於變壓器的第三個繞組與二極體D_1的作用，因此Q_1電晶體OFF時，其集極電壓被限制為

$$V_{CE,max} = 2V_{in} \tag{3-12}$$

我們由波形中亦可得知集極的峰值電壓$2V_{in}$，恰為D_1二極導在導通之時刻，其導通週期$T\delta_{max}$。我們再來看看圖中的波形，當電晶體在ON時，集極電流值的大小，就相當於返馳式轉換器的集極電流值，再加上淨磁化電流值，因此，集極的峰值電流，可寫成下式

$$I_C = \frac{I_L}{n} + \frac{T\delta_{max}V_{in}}{L} \tag{3-13}$$

在此　　　n：初級對次級的圈數比

　　　　　I_L：輸出電感器的電流，A

　　　　　$T\delta_{max}$：電晶體ON時的週期

　　　　　L：輸出電感器，μH

吾人得知

$$V_{out} = \frac{\delta_{max}V_{in}}{n} \tag{3-14}$$

可是

$$V_{in} = \frac{nV_{out}}{\delta_{max}}$$

$$\tag{3-15}$$

因此(3-13)式可改寫爲

$$I_C = \frac{I_L}{n} + \frac{nTV_{out}}{L} \tag{3-16}$$

假設磁化電流部份nTV_{out}/L與集極峰值電流比較下其值非常小，可予以忽略，此時I_c電流值的大小就與3-1-1節所導出來的I_c值相同

$$I_C = \frac{I_L}{n} \approx \frac{6.2P_{out}}{V_{in}} \tag{3-17}$$

3-2-2 順向式轉換器變壓器(The Forward Converter Transformer)

在設計順向式轉換器的變壓器時，需多加留意選擇適合的鐵心大小與鐵心的空氣間隙，以防鐵心被飽和了。在第五章裏我們會有變壓器的公式，來設計出適合的順向式變壓器。變壓器的鐵心大小爲

$$Volume = \frac{\mu_0 \mu_e I_{mag}^2 L}{B_{max}^2} \tag{3-18}$$

在此

$$I_{mag} = \frac{nTV_{out}}{L} \tag{3-19}$$

另外需注意的是電晶體開關δ_{max}的工作週期需保持低於百分之五十以下，如此當經由第三繞組變壓器電壓會被定位，而輸入電壓之間會有伏特-秒(volt-seconds)積分作用產生，當Q_1電晶體ON時，定位於某一準位，當Q_1電晶體OFF時，其值爲零。如果工作週期大於百分之五十，也就是$\delta > 0.5$將會破壞伏特-秒(volt-seconds)積分作用的平衡，使得變壓器趨於飽和狀態，也會產生極高的集極電流波尖，而破壞了轉換電晶體。

雖然變壓器的第三繞組與二極體的定位動作，能夠限制電晶體的集極峰值電壓至二倍的輸入直流電壓，但是有一點需留意的是，在繞製變壓器時，需將第三繞組與初級繞組緊密來繞製(使用雙線繞法)，如此方可減少由漏電感產生的致命電壓波尖。

3-2-3　基本順向式轉換器的變化型式(Variations of the Basic Forward Converter)

如同在返馳式轉換器的情況，由於輸入電壓過高，電晶體承受較大的耐壓值，因此改用二個電晶體的變化型式，同理順向式轉換器亦可應用此種變化的型式，如圖3-8電路所示，此二個電晶體開關會同時ON或OFF，但是電晶體上所承受的電壓不會超過V_{in}以上。

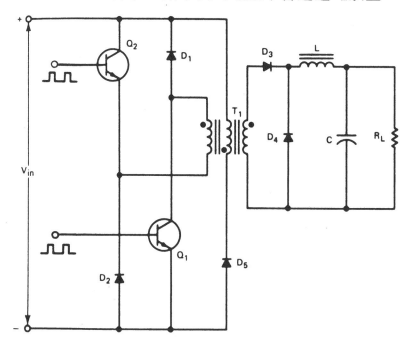

圖3-8　兩個電晶體的順向轉換器限制每一電晶體的集極電壓至V_{in}值，這是由於二極體D_1與D_2的制止動作

　　順向式轉換器亦可應用於多重輸出的電路中，不過在每一輸出部份都需要有額外的二極體與扼流圈。在此需注意的是飛輪二極體至少要與主要的整流二極體有一樣的電流額定值，這是因爲當電晶體OFF時，會有滿電流輸出，在圖3-9的電路，就是多重輸出順向轉換器(multiple-output forward converter)。

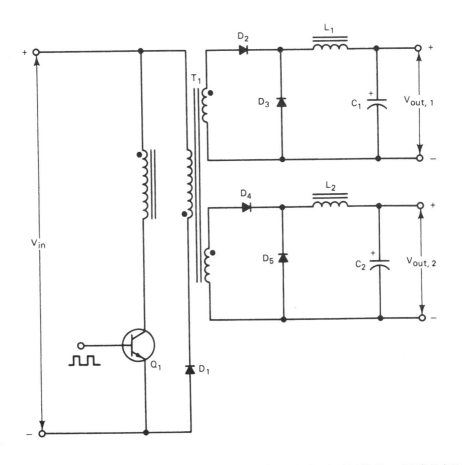

圖3-9　順向變壓器非常適合多重輸出，由於在每一輸出需要額外的二極體的扼流圈，因此在價格上會較返馳式轉換器貴些

3-3 推挽式轉換器(THE PUSH-PULL CONVERTER)

推挽式轉換器(push-pull converter)乃是由二個反相位工作的順向式轉換器組合而成，在每一半週時，推挽式轉換器會將功率傳導至負載上，所以此種轉換器更正確地來說應該稱呼為推推轉換器(push-push converter)，但是延用流行至今，我們還是習慣稱呼為推挽式轉換器。

在圖3-10中，就是基本傳統的推挽式電路結構與它的電路波形圖。由於它有二個轉換電晶體與輸出二極體，由波形中觀察得知，在每一組中的平均電流都被減少至百分之五十，此大過於等效的順向轉換器。在電晶體導通期間，二極體D_1與D_2同時導通，會將隔離變壓器的次級短路，並將功率傳導至輸出，其動作狀態就如飛輪二極體。

此轉換器的輸出電壓可導出如下

$$V_{out} = \frac{2\delta_{max}V_{in}}{n} \tag{3-20}$$

在(3-20)式中的δ_{max}值必須低於0.5，為了避免轉換電晶體同時導通，而破壞了電晶體。假設$\delta_{max} = 0.4$，則(3-20)式可寫成

$$V_{out} = \frac{0.8V_{in}}{n} \tag{3-21}$$

在此n為初級對次級的圈數比。

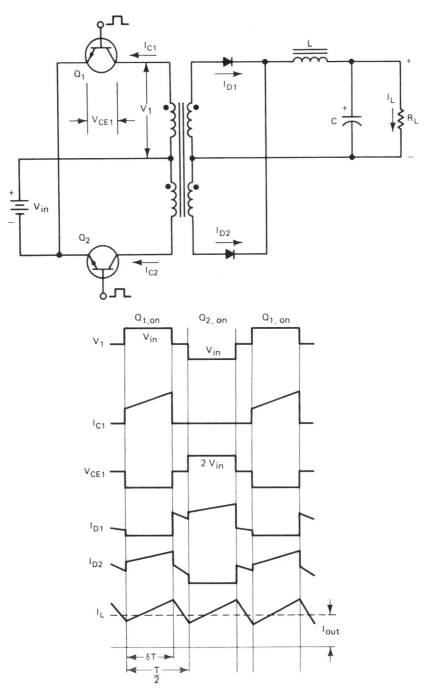

圖 3-10　推挽式轉換器與其電路波形

3-3-1 推挽式轉換器變壓器(The Push-Pull Converter Transformer)

在前面我們所討論的返馳式與順向式轉換器中，其變壓器僅利用到B-H特性曲線一半部份，因此鐵心就較為大些而且有空氣間隙，假定在推挽式轉換器的二個電晶體，其導通時間相同，則變壓器就會使用到B-H曲線的各半部，如此鐵心的大小僅需返馳式或順向式的一半即可，而且空氣間隙也不需要了。

變壓器的體積大小可由下面公式求得

$$\text{Volume} = \frac{4\mu_0\mu_e I_{mag,L}^2}{B_{max}^2} \tag{3-22}$$

在此$I_{mag} = nV_{out}T/4L$為磁化電流。

在第3章中，將繼續對以推挽式為基底的轉換器有更深入的設計分析。

3-3-2 推挽式轉換器電晶體(The Push-Pull Converter Transistors)

由於推挽式轉換器的每一半部份就是屬於順向式轉換器，因此在OFF時，每一電晶體的集極電壓被限制為

$$V_{CE,max} = 2V_{in} \tag{3-23}$$

每一電晶體的集極峰值電流為

$$I_C = \frac{I_L}{n} + I_{mag} \tag{3-24}$$

假設$I_{mag} \ll I_L/n$，可得出

$$I_C = \frac{I_L}{n} \tag{3-25}$$

我們可如3-2-1節所示，導出電晶體集極工作電流，以輸出功率、效率、與工作週期來表示之，如下：

$$I_C = \frac{P_{\text{out}}}{\eta \delta_{\text{max}} V_{\text{in}}} \tag{3-26}$$

假設轉換器的效率 $\eta = 0.8$，工作週期 $\delta_{\text{max}} = 0.8$，則電晶體集極工作電流為

$$I_C = \frac{1.6 P_{\text{out}}}{V_{\text{in}}} \tag{3-27}$$

3-3-3　推挽式電路的限制(Limitations of the Push-Pull Circuit)

　　雖然推挽式轉換器提供了一些優點，如非隔離的基極驅動與較簡單的驅動電路，但是它也有一些缺點，使得非線上的轉換器在使用上變得較為不實際。

　　第一個就是有關電晶體電壓額定值的限制，也就是電晶體需能承受轉換器二倍的輸入電壓，再加上由變壓器的漏電感所產生的漏波尖值 (leakage spike)，如圖 3-11 所示。因此，若使用在輸入交流電壓為 230V $_{\text{ac}}$ 情況下，則非線上推挽式轉換器的轉換電晶體，其集極的耐壓額定值，就必須大於800V了，這對高功率轉換器來說，的確是一個令人傷腦筋的問題，因為要具有高電流、高電壓的電晶體並不普遍而且價格上也非常貴。

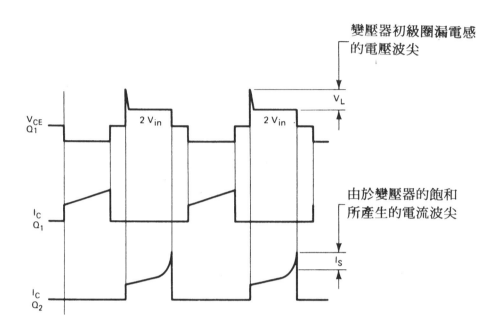

圖3-11　在圖3-10推挽式轉換器的實際電壓與電流波形

　　對推挽式電路來說，圖3-11也顯示出第二個較爲嚴重的問題，也就是變壓器的鐵心飽和(saturation)的問題，在今日所使用的轉換式電源供給器，大都使用陶鐵磁鐵心(ferrite core)材料來做變壓器，乃因在20kHz以上高頻率具有低功率的損失，然而不幸的是，陶鐵磁鐵心具有高磁化係數(high susceptibility)，會使得鐵心容易產生飽和，這也是因爲其低的磁通密度值(flux density)，一般約爲3000高斯(gauss或G)。因此，只要小的直流偏壓值，就會使得鐵心驅於飽和狀態，如此顯而易見，在此情況下推挽式電路將會有什麼情況發生了。當其中一個電晶體開關ON時，其磁通會在B-H曲線的一個方向上移動著，當第一個電晶體OFF，第二個電晶體ON時，則磁通會在B-H曲線的另一個相反方向移動。爲了使這二個區域的磁通密度能夠相等，在所有工作情況與溫度下，轉換電晶體的飽和與轉換特性必須是一樣的。如果電晶體特性是不一樣的，就會在B-H曲線的一個方向上發生"磁通擺動"，使得鐵心驅於飽和區域。鐵心的飽和會使得其中一個電晶體的集極有高的電流波尖產生，如圖3-11所示。

　　這些過大的電流波尖在電晶體中會造成很大的功率損失，使得電晶體會有發燙現象產生，電晶體特性會變得更不平衡，鐵心更容易趨於飽和狀態，且產生更高的飽和電流，此種惡劣情況將連續下去，直到電晶體達到熱跑脫(thermal runaway)現象，最後導致電晶體的破壞。

　　對於此種問題有二種可能解決方法，首先我們可以增加鐵心的間隙，如此會造成漏電感值的增加，而且需加裝會消耗功率的箝制器，因此所花費的代價就是降低了轉換式電源供給器的效率。另外我們可使用對稱的修正電路，經由驅動產生器來保持修正ON-OFF比值相等，來確使功率變壓器達到平衡操作，使用此種方法就是需有額外電路，因此會增加轉換器的成本與複雜性。

　　爲了減少推挽式電路的缺點，可使用半橋式(half-bridge)或全橋式(full-bridge)功率轉換器，對轉換式電源供給器設計者來說，使用半橋式轉換器來做設計，是較爲流行的，在3-4-1節中有更深入的分析與討論。

3-4 推挽式轉換器的變化型式 (CIRCUIT VARIATIONS OF THE PUSH-PULL CONVERTER)

3-4-1 半橋式轉換器(The Half-Bridge Converter)

如前章節所提，使用半橋式電路有二個主要理由，第一點就是它能在輸入交流電壓115V或230V$_{ac}$的工作情況下，不需使用到高壓電晶體。第二點就是我們只需使用到簡單的方法就能來平衡每一轉換電晶體的伏特-秒(volt-seconds)區間，而功率變壓器不需有間隙且不需使用到價格高的對稱修正電路，圖3-12所示為基本的雙輸入電壓半橋式轉換器。

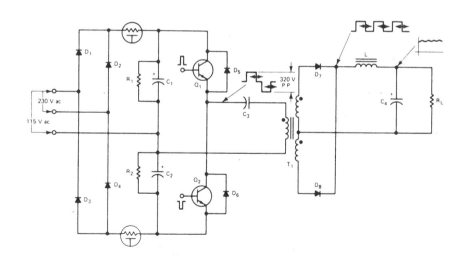

圖 **3-12** 基本半橋式電路，需注意的是相同的電晶體與變壓器能用於115V$_{ac}$與 230V$_{ac}$的交流輸入下，D_5與D_6為漏電感轉換二極體

在半橋式轉換器結構中，功率變壓器有一端點連接到由串聯電容器C_1與C_2所產生的浮點電壓值端點，其浮點電壓值為$V_{in}/2$，所以在標準的輸入電壓下，其值為160V$_{dc}$。變壓器的另一端點則經由串聯電容器C_3連接到Q_1的射極與Q_2的集極接頭處，當Q_1電晶體ON時，此處變壓器端點會產生正的160V電壓脈波，當Q_1電晶體OFF，Q_2電晶體ON時，變壓器的初級圈會極性反轉，因此，會產生負的160V電壓脈波，在這Q_1與Q_2電晶體ON-OFF動作中，其產生的峰對峰方波電壓值為320V，經由變壓器轉換降低為次級電壓，再經過整流，濾波而得到直流輸出電壓。

由上面半橋式轉換器原理得知，此轉換器已達到第一個目標了，也就是轉換電晶體所承受的電壓值，不需再大於V_{in}以上，因此我們就可選擇使用耐壓額定值較低的轉換電晶體，一般選擇400V耐壓的電晶體即可。

不過當使用半橋式電路時，有一個小小的代價需付出，這是因為變壓器電壓被減少至$V_{in}/2$，因此，電晶體的工作電流將會加倍，如果假設轉換器的效率為80％，工作週期$\delta_{max}=0.8$，則電晶體工作電流為

$$I_C \approx \frac{3P_{out}}{V_{in}}$$

$$(3\text{-}28)$$

第二個目標就是要達到自動平衡每一轉換電晶體的伏特-秒(volt-seconds)積分，在圖3-12中，我們就可看到在變壓器初級圈串聯了一個電容器的作用了。假設在圖3-12中的二個轉換功率電晶體，其轉換特性沒有相互匹配的話，就如當電晶體Q_2能快速OFF時，而電晶體Q_1卻是緩慢地達到OFF狀態。

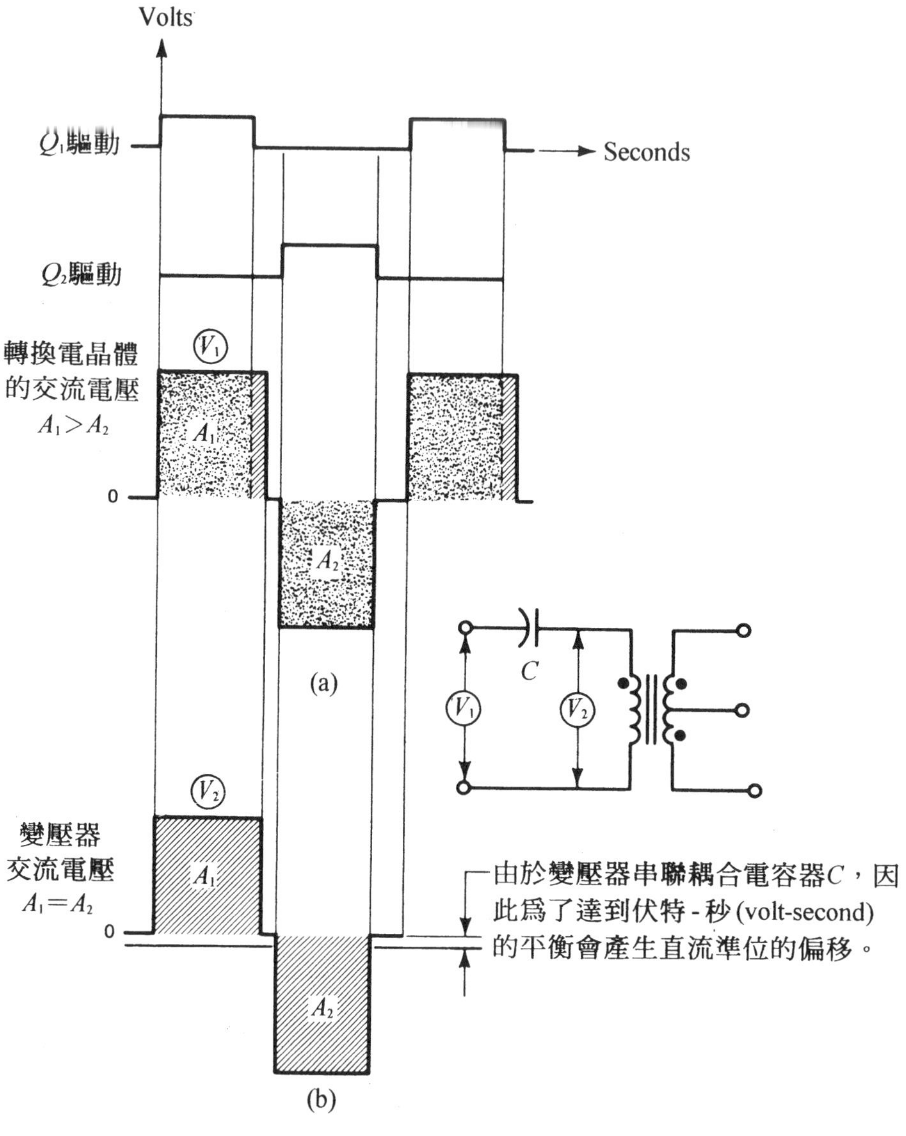

圖 3-13 (a)在串聯電容器之前的交流電壓,其波形所示爲伏特-秒(volt-seconds)
的不平衡,如斜線陰影面積所示。此不平衡是由於Q_1電晶體緩慢turn-
off所造成
(b)在串聯電容器之後相同的交流波形爲了平衡伏特-秒(volt-seconds)積
分會有直流準位的偏移

在圖3-13(a)所示爲Q_1與Q_2接頭處的交流電壓波形，這是Q_1電晶體緩慢OFF時所產生的效果，而在交流電壓波形旁邊部份，有一額外斜線區域，此乃伏特-秒(volt-seconds)的不平衡。如果此不平衡的波形被驅動於功率變壓器中，將會有磁通擺動的現象發生，而造成鐵心的飽和與電晶體集極電流波尖的產生，因此，會降低整個轉換器的效率，甚至造成電晶體熱跑脫而破壞了電晶體。

所以，我們可以在變壓器的初級繞組中，串聯加入耦合電容器，經由此電容器，直流偏壓會成比例的將伏特-秒(volt-seconds)積分不平衡部份予以去掉。此時交流波形的直流準位會向上移動，在圖3-13(b)，就是二個轉換週期的平衡伏特-秒(volt-seconds)積分波形。

爲了降低電晶體OFF的時間，可在基極電路上加裝使用制止二極體，使用此法在效果上會使得電晶體並不完全達到飽和狀態，如此也會減少其儲存時間(storage time)，在第四章中，將會有對制止二極體更詳細的討論與應用。

3-4-2　串聯式耦合電容器(The Series Coupling Capacitor)

在上一節中已對功率變壓器的耦合電容器有所描述，一般來說使用薄膜非極性電容器，即可處理全部的初級電流，爲了降低熱效應的產生，電容器需使用有較低的ESR值，或是將一些電容器並聯在一起使用，也可降低其ESR值，並得到所希望的電容值大小。以下我們將對如何來正確選擇耦合電合器，其值的大小做個分析。

我們由圖3-12得知，線路中的耦合電容器與輸出濾波電感器形成了一個串聯共振電路(series resonant circuit)，由電路原理得知，其共

振頻率爲

$$f_R = \frac{1}{2\pi\sqrt{L_R C}} \tag{3-29}$$

在此　　f_R：共振頻率，kHz

　　　　C：耦合電容值，μF

　　　　L_R：反射濾波電感值，μH

變壓器初級圈的反射濾波電感值爲

$$L_R = \left(\frac{N_P}{N_S}\right)^2 L \tag{3-30}$$

在此N_P/N_S爲變壓器初級至次級圈數比，L爲輸出電感值(μH)將(3-30)式代入(3-29)式，我們可求得耦合電容值C爲

$$C = \frac{1}{4\pi^2 f_R^2 (N_P/N_S)^2 L} \tag{3-31}$$

　　爲了使耦合電容器能夠線性地充電，因此共振頻率的選擇必須低於轉換器的轉換頻率。一般在實際電路設計上，我們都選定共振頻率大小約爲轉換頻率的四分之一，表示如下：

$$f_R = 0.25 f_S \tag{3-32}$$

在此f_S爲轉換器的轉換頻率(kHz)。

例題 3-1

　　求工作於頻率20kHz轉換器的耦合電容值，其輸出電感值爲20μH，變壓器圈數比爲10。

解：由於轉換頻率爲20kHz，由(3-32)式可求得其共振頻率爲$f_R = $5kHz，由(3-30)式可求出反射電感值爲$L_R = 10^2(20 \times 10^{-6}) = $

$2000 \times 10^{-6} = 2\text{mH}$，因此耦合電容值為

$$C = \frac{1}{4(3.14)^2(25 \times 10^6)(2 \times 10^{-3})} = 0.50\,\mu\text{F}$$

　　有關耦合電容器的另外一項重要值是其充電電壓。由於電容器在每一半週會有充電與放電的情況，且會移動直流電壓的準位，如圖3-12所示。此移動的直流電壓值會加或減至變壓器初級圈 $V_{in}/2$ 上，當然最精密的設計準據是發生在當充電電容器的電壓將變壓器初級圈 $V_{in}/2$ 的電壓予以降壓(bucks)，因為如果此電壓過高，在低電壓線上，會干擾到轉換器上的穩壓率。

　　在此有二個步驟可用來檢查此電壓值，且依次來修正所計算的電容值，電容器充電電壓為

$$V_C = \frac{I}{C}\,dt \qquad\qquad (3\text{-}33)$$

在此　　　I：初級平均電流，A

　　　　　C：耦合電容值，μF

　　　　　dt：電容器充電時間，μs

電容器充電時間為

$$dt = \frac{T}{2}\,\delta_{max} \qquad\qquad (3\text{-}34)$$

且

$$T = \frac{1}{f_s} \qquad\qquad (3\text{-}35)$$

在此　　　T：轉換週期，μs

　　　　　δ_{max}：工作週期

　　　　　f_s：轉換頻率，kHz

若對20kHz轉換器來說，其工作週期為0.8，則充電時間為20μs。

充電電壓其合理值的範圍是介於V_{in}/2的10％至20％之間，假設V_{in}/2＝160V，則16≤V_C≤32V的情況下，轉換器小會有好的穩壓率。如果充電電壓超過了極限值，就必須重新計算較正確的電容值，此值為

$$C = I \frac{dt}{dV_C} \qquad (3\text{-}36)$$

在此　　　I：初級平均電流，A

　　　　　dt：充電時間，μs

　　　　　dV_C：16V至32V之間的任意值

在16V至32V之間可任意選定dV_C之值，我們可求出電容值大小，並選用標準值的電容器，至於新的串聯耦合電容器之電壓額定值，可由(3-36)式所求出的耦合電容值，再代回至(3-33)式，就可求出電壓額定值，由此理論所計算出來的電壓額定值都非常低，而在實際設計上我們都使用電壓額定值200V的薄膜電容器(film capacitors)。

例題 3-2

假設我們使用例題3-1所計算出來的電容器值，用於200W，20kHz的半橋式轉換器中，試證明所計算出來0.5μF的電容值是否可接受，若否，則重新計算正確的耦合電容值。

解：從(3-28)式，我們可求出電晶體的工作電流為

$$I_C = \frac{3(200)}{320} = 1.86 \text{ A}$$

假設轉換器輸入電壓誤差為±20％，則電晶體最大工作電流會發生在低電壓線上，因此，我們重新修正，此最差情況的集極電

流為

$$I_C = 1.85 + 0.2(1.86) = 2.3 \text{ A}$$

利用(3-33)式，可求出耦合電容器的充電電壓為

$$V_C = \frac{2.3(20 \times 10^{-6})}{0.5 \times 10^{-6}} = 90 \text{ V}$$

此求出的90V充電電壓過高了，在低電壓線上將會干擾到轉換器穩壓率。因此必須重新計算耦合電容器之值，充電電壓值我們選為30V，利用(3-36)式可得

$$C = \frac{2.3(20 \times 20^{-6})}{30} = 1.5 \text{ } \mu\text{F}$$

因此我們可使用標準的電容器1.5 μ F，再利用(3-33)式，得出其最小的電壓額定值30V，為了安全理由，一般都選用200V電壓額定值的電容器。

3-4-3　轉換二極體(The Commutating Diodes)

在圖3-12中所示的基本半橋式轉換器裏，二極體D_5與D_6與電晶體Q_1與Q_2的集極，射極並聯使用，此種二極體我們稱之為轉換二極體(commutating diodes)，具有以下二點功用。

1. 當電晶體變為OFF時，轉換二極體將會使得變壓器漏電感值的能量折回至主要的直流匯流排上。如此高能量漏電感的脈衝波尖，就不會像圖3-11的推挽式電路，出現在V_{CE}的波形上。

2. 在沒有負載的突然情況下，由於變壓器的磁通量會增加，此時轉換二極體可以防止在ON時電晶體的集極至射極間電壓搖擺至負

電位，也就是說轉換二極體可以將電晶體予以旁路，直到集極再度達到正電位，如此可避免電晶體元件的逆向導通與其可能的破壞。

轉換二極體必須是高速回復類型(fast-recovery types)的二極體，同時要具有阻隔電壓能力，其值至少二倍的電晶體OFF時，集極至射極電壓。在實際應用電路中，我們大都選用具有450V逆向阻隔電壓的二極體。

3-5 全橋式電路 (THE FULL-BRIDGE CIRCUIT)

在前面我們討論過的半橋式電路，雖然已然能夠成功地減少轉換電晶體在OFF時，所產生的電壓波尖至輸入直流電壓值的一半，不過所付出的代價是電晶體在ON時集極電流會加倍，就如推挽式的電路一般。此種限制對低功率或中功率的轉換器來說，倒無大礙，但是對高功率轉換器而言，就稍有困難了，因為能具有高電壓，高電流的電晶體實在不多。

為了保留半橋式電路的電壓特性與推挽式電路的電流特性，我們發展出另一種型式的電路，稱之為全橋式轉換器(full-bridge converter)電路，如圖3-14所示。在此電路中，Q_1與Q_4電晶體，或是Q_3與Q_2電晶體會同時地導通。

由於這些電晶體的動作狀態，使得變壓器初級圈上的電壓在$+V_{in}$與$-V_{in}$之間擺動著，因此，這時電晶體在OFF狀態時，集極電壓絕不會超過V_{in}值，同時流經電晶體的電流也僅為等效半橋式電路的一半。

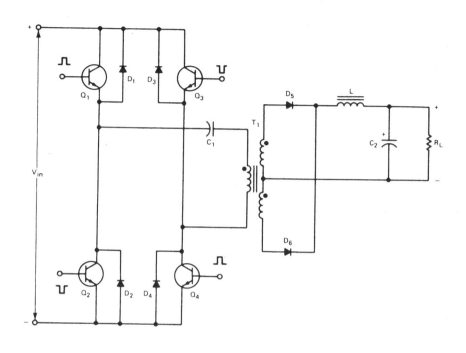

圖3-14　全橋式轉換器電路

　　全橋式電路的缺點就是必須使用到四個電晶體，且由於Q_1與Q_4或Q_3與Q_2電晶體會同時ON，因此每一電晶體必須用到隔離的基極驅動器。

　　假設轉換器的效率為80％，工作週期為0.8，則電晶體的工作電流為

$$I_C = \frac{1.6 P_{out}}{V_{in}}$$

(3-37)

此種轉換器的其它特性就與半橋式轉換器相同，所有導出計算元件的公式也適合應用於此。

3-6 新型式無漣波輸出的轉換器(A NEW ZERO OUTPUT RIPPLE CONVERTER)

以上所討論的各種電路，其輸出電流都會有漣波(ripple)產生，近年來有一種新型式的轉換器被發展研究出來，我們稱之為'Cuk轉換器，這是由Dr. S. 'Cuk所發展出來，因此，以他的名字來稱呼。此種轉換器，只要能將變壓器設計適當，就可達到無漣波的輸出。

在圖3-15，就是基本的無隔離'Cuk轉換器，電路的操作原理說明如下：當Q_1電晶體OFF時，二極體D_1會導通，輸入電流I_1會將電容器C_1充電，當Q_1電晶體ON時，二極體D_1不導通，此時電容器C_1的正端點就接到地電位了，因此，電流I_2流經電感器L_2，會在負載上得到負的輸出電壓。

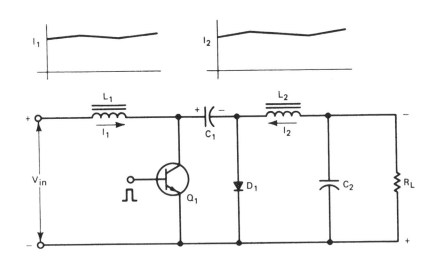

圖3-15　基本的'Cuk轉換器與其輸入和輸出電流波形

由於此種轉換器結合了buck-boost的特性,且能量的轉移爲電容性的,其輸入電流與輸出電流幾近於純直流的特性,轉換漣波幾乎可忽略了。但是,所謂的"忽略轉換漣波",並不是"沒有漣波"之意,要達成此沒有漣波的境界,此乃原理上的最終目標,幸運的是經由下面的觀察無漣波輸出的理論,似乎可以達到。爲了使經由每一電感器的平均直流電壓爲零,且此二個波形必須是相等且一樣的,因此,爲了達到此目的,二個電感器必須共用相同的鐵心,且需具有相同的圈數,如圖3-16所示。

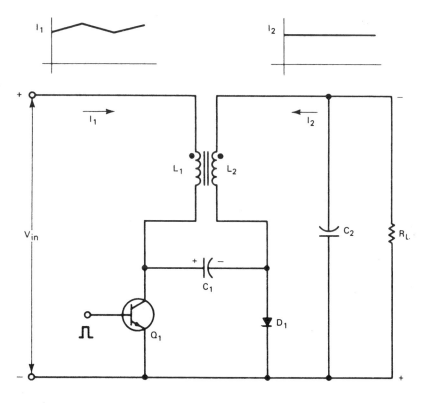

圖3-16　'Cuk 轉換器的耦合電感器與其電路的電流波形

　　由於這二個耦合電感器構成了一個變壓器，因此每一繞組的有效電感值，經由交互的感應能量轉移，其值會被改變。如果我們將其圈數比定為1：1，此二個電感值將會加倍，因此能夠減少輸入與輸出的漣波值，為無耦合轉換器的一半。此乃重要的結果，因為如果我們適當地改變圈數比的話，也就是初級對次級圈數比能夠與變壓器感應耦合係數匹配，則輸出電流的漣波就可能完全被消除，電路如圖3-16所示。

　　雖然圖3-16是一個非常有用的電路，但是美中不足的是輸入與輸出之間卻沒有設計隔離元件，因此，使用在非線上的結構時，最好能在輸入與輸出間加裝隔離元件。以下我們就是要來討論如何在'Cuk轉換器上達到隔離之效果，如圖3-17所示，有三個基本步驟來完成它。

　　首先，如圖3-17(a)所示，我們將耦合電容器C_1分成二個串聯的電容器C_A與C_B，而在這二個電容器的連接處，由於其平均直流電壓是不確定的而且是浮動的，我們亦可使其趨於零電位之值，也就是在電容器連接處與地之間，加上電感器L，如圖3-17(b)所示。如果我們選的電感值夠大的話，由二個串聯電容器流經至此的電流，可忽略不計，因此轉換器的操作保持不變不受影響。

　　為了達到直流隔離的目的，因此，我們將電感器L改換成隔離變壓器，如圖3-17(c)所示，此種隔離式的'Cuk轉換器與無隔離的轉換器亦保有相同之特性。在圖3-18所示為耦合電感器無漣波輸出的直流隔離式'Cuk轉換器電路與電流波形圖，在這電路中轉移電容器C_A與C_B，被放置於變壓器繞組的另一端，此舉並不會影響轉換器的操作。

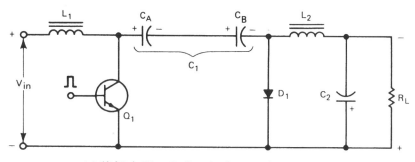

(a)將耦合器C_1分成二個串聯電容器C_A與C_B

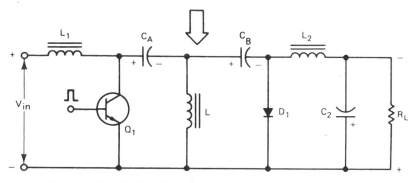

(b)在二個串聯電容器中間點與地端之間加入電感器L

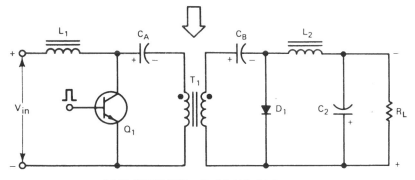

(c)改變電感器L成為隔離式變壓器

圖3-17　'CUK轉換器由非隔離轉變至隔離式的三個基本步驟

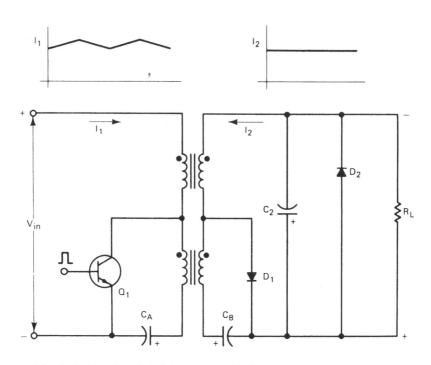

圖 **3-18**　耦合電感器零漣波直流隔離的 'Cuk 轉換器。二極體D_2為輸出制止二極體，
　　　　　在起動時由於極性反轉可保持輸出至二極體壓降

　　雖然輸入與輸出電感器的耦合能夠減少漣波的輸出，但是也會產
生不希望的邊際效應，也就是在電源開啓時，輸出極性會反轉，雖然
此反向極性的脈波非常短暫，然而對敏感的電子負載裝置來說，此乃
致命之擊，因此，在圖13-8中，我們加裝了一個制止二極體D_2，來限
制其暫態電壓至1伏特或是更小之值，如此可用來保護敏感的電子裝
置。

3-7　阻隔振盪器或振鈴扼流轉換器
(THE BLOCKING OSCILLATOR OR RINGING CHOKE CONVERTER)

　　一般現在的工程師們大都以定頻的PWM方式，來設計交換式電源供應器，而主要是因為PWM的控制電路比較容易設計且穩定。然而對許多小功率的交換式電源供應器而言(大約在10W至50W之間)，也有許多人採用變頻的阻隔振盪轉換電路來成功地設計完成電源供應器，而且在成本上亦可降低一些。在圖3-19所示就是一個低功率變頻的阻隔振盪器電路，以及它的電路波形圖。至於電路的操作原理如下說明。

　　在最初電源啟動之時，電流經由電阻R_1流至電晶體Q_1的基極，使得電晶體會達至飽和狀態。因此，在變壓器T_1的一次側繞組上會有峰值電流I_{PP}產生，其值為

$$I_{PP} = I_C = \frac{V_{in}}{L_P}(\delta_{max}T) = \frac{V_{in}}{L_P}t_{on}$$

(3-38)

在此$(\delta_{max}T)$為電晶體最大的導通時間t_{on}。

　　而在同時，磁通會在繞組N_3建立，並產生一電位降V_B。所以，此時經由電阻R_2至電晶體基極的電流得以持續，可保持電晶體至飽和狀態。而此基極電流的大小可以表示如下

$$I_B = \frac{V_B}{R_2} = \left(\frac{N_3}{N_1}\right)\left(\frac{V_{in}}{R_2}\right)$$

(3-39)

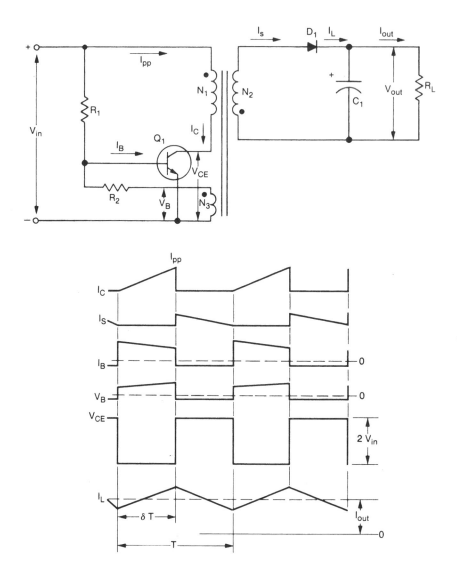

圖 3-19 阻隔振盪電路與其波形圖

　　由於流經電晶體的集極電流乃爲電晶體的基極電流與電晶體增益的相乘積，也就是$I_C = \beta I_B$，因此，當I_C電流到達最大值時，則一次側繞組之電流也會漸漸增至最大值。而當超過此臨界值時，基極電路就無法維持更多的集極電流繼續增加，因此，會造成電晶體Q_1在截止狀態，而接著會將能量由變壓器一次側轉移至二次側，最後經由D_1與C_1的整流濾波，即可獲得所須之直流電壓並提供至輸出負載。

　　至於在這個電路中，若要選擇使用這個電晶體，則其集極至基極(V_{CBO})的耐壓額定值至少須要

$$V_C = V_{in} + \left(\frac{N_1}{N_2}\right)V_{out} + （洩漏波尖電壓）$$

(3-40)

在一般離線式電源供應器中，電晶體之耐壓值大都選擇$V_{CBO} \geq 800V$。

　　由於此種型式的轉換器，其操作頻率會隨著負載大小而改變，所以，在電路的設計上要特別注意，其最低之操作頻率不要低於20kHz，如此電源供應器才不至於成爲一聲頻之電路。要注意的是，當負載在輕載情況時，其操作頻率會變得很高，而當負載在滿載情況，則頻率就會變得較低。

3-7-1　阻隔振盪器變壓器(The Blocking Oscillator Transformer)

　　由於此種轉換器結構基本上就是屬於返馳式轉換器(flyback converter)，因此，在設計變壓器——扼流圈(transformer choke)時就必須非常留意。當設計者在計算變壓器一次側之圈數時，必須以滿載的操作頻率來設計考慮。至於電晶體導通時間t_{on}的計算，則以操作頻率的倒數乘以最大之工作週期比(一般取50％)。而當這些數值都已經計算

好了之後，就可以計算出一次側繞組之電感量為

$$L = \frac{V_{in,min}}{I_{pp}} t_{on} \qquad (3-41)$$

在此　　　$V_{in,min}$ 為最小之輸入電壓。

　　　　　t_{on} 為電晶體最大導通時間。

　　　　　I_{pp} 為流經電晶體峰值電流。

一旦變壓器一次側繞組之電感量計算得到之後，則一次側繞組之圈數，即可計算得知為

$$N_P = \frac{L(I_{PP})}{A_e B_{max}} \qquad (3-42)$$

在此　　　A_e 為鐵心的有效面積(effective area)

　　　　　B_{max} 為鐵心最大可允許的工作磁通密度(working flux density)

　　　一般為了避免鐵心會產生飽和情況，所以，必須在鐵心與鐵心之間加入空氣間隙(air gap)。而此空氣間隙之大小若以mm單位來表示，則為

$$l_g = \frac{A_e(N_P)^2 10^{-8}}{0.8L} \qquad (3-43)$$

　　　接著下來，若要計算二次側繞組之圈數，最好的方式就是先決定一次側繞組每一伏特之圈數比為

$$r = \frac{N_P}{V_{in,min}} \qquad (3-44)$$

由於，我們選擇 $t_{on} = t_{off}$，則二次側繞組之圈數為

$$N_S = r(V_s + V_{ss}) \qquad (3-45)$$

在此　　V_s爲二次側希望的輸出電壓。

　　　　V_{ss}爲導體與輸出整流器上之電壓降。

經由以上之計算，在初期可以得到近似的結果，若要得到更精確之結果，則在電路實際製作與測試時，衹須做些微之調整即可。

3-7-2　MOSFET阻隔振盪轉換器(A MOSFET Blocking Oscillator Converter)

　　在圖3-20所示就是實際以功率型TMOS電晶體來設計的MOSFET阻隔振盪轉換器。此種轉換器的設計應用於離線的交換式電源供應器上，則可得到非常好的結果，尤其是在許多應用中，其穩壓效果非常不錯。

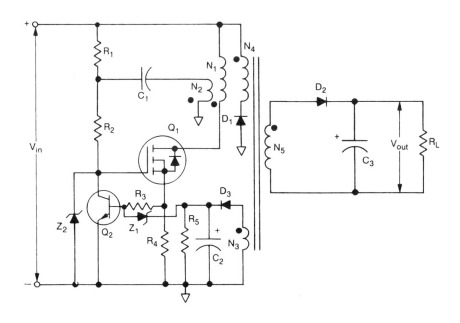

圖3-20　使用MOSFET設計的阻隔振盪轉換器

　　此電路的操作原理描述如下：當電源開啓時，同相的(in phase)變壓器繞組N_1與N_2會使得電路產生振盪。也就是當輸入電源經由大電阻R_1向電容器C_1充電時，振盪之情況就開始了。電阻R_2用來限制Q_2的集極電流。至於振盪週期中的導通時間，可以藉由Q_2電晶體來檢知Q_1的斜坡源極電流而來決定之。因此，在交互的半週期裡電容器C_1會經由Q_2電晶體而充電，並且稽納二極體Z_2會被順向偏壓。

　　至於電路電壓穩壓之達成，是經由檢知繞組N_3之整流輸出，此輸出電壓再經由稽納二極體Z_1提供Q_1做爲基極偏壓之用。電晶體Q_2的集極可以調變Q_1的閘極，使其導通時間可以變短或變長，如此可以使得輸出電壓保持恆定之值。

3-8　Sheppard-Taylor轉換器(THE SHEPPARD-TAYLOR CONVERTER)

　　在本節中要介紹的此種新型的轉換器，其結構有點類似'Cuk轉換器，在電路之輸入與輸出端則具有非脈動的電流(nonpulsating currents)，因此，可以大大地降低傳導與輻射之雜訊。所以，此種電路非常適合操作在較高的頻率，故一般都以MOSFET來做設計。此種新型的轉換器乃爲昇壓轉換器串聯一降壓轉換器而得，而且在實際應用中亦可工作在無濾波直流輸入之離線應用。至於使用此種電路，輸入之儲存能量的電容器則不再需要了，不過要出的代價是輸出保持時間(hold-up time)會無法滿足一般之要求。此電路之發明者David Sheppard與Brian Taylor聲稱此轉換器沒有專利之限制，大家都可以應用此電路。作者深深地相信此電路還有許多優點與特色，還沒有被發掘出來，而且它非常適合應用在較高頻率的設計裡(100kHz以上)。因此，讀者、電源供應器設計者以及學生們可以針對此轉換器好好加以深入了解及應用，使其特性與功能，能夠好好被發揮出來。

3-8-1　Sheppard-Taylor轉換器的電路分析 (Circuit Analysis of the Sheppard-Taylor Converter)

在圖3-21所示就是無隔離型的Sheppard-Taylor轉換器之基本電路圖。此電路之工作原理說明如下：假設MOSFETs Q_1和Q_2皆在截止狀態，則輸入電流I_{in}會經由L_1、D_1；C與D_2流至負端。所以，此時電流會將電容器C充電，由於D_1與D_2二極體都在導通狀態，因此跨在電容器C上之電位近似於V_{in}。由於二極體D_3是在逆向偏壓狀態，所以，沒有電流流至轉換器的輸出端。要注意的是，當電容器C繼續充電時，則流經L_1之電流會線性地減少。當Q_1與Q_2是在導通狀態時，二極體D_1與D_2會在逆向偏壓狀態，如此可抑制有任何的電流流至輸入端。而在此時，電容器C就好像是跨在轉換器的輸出兩端，由於其充電之極性，二極體D_3將會被順向偏壓，所以，輸出電流就會流經L_2、D_3、Q_1、C以及Q_2。

當Q_1與Q_2都在OFF狀態時，跨於電感L_1上之電壓，則相當於是V_{in}與V_C之和。而當Q_1與Q_2轉換為ON的狀態時，原來以遞減的方式流經L_1上之電流，此時會開始線性往上遞增，並將新的能量儲存在電感器L_1中。在下一個週期裡，當Q_1與Q_2再度被關閉時，原來儲存在L_1上之能量，會經由二極體D_1與D_2向電容器C開始充電。為了使得伏特-秒之

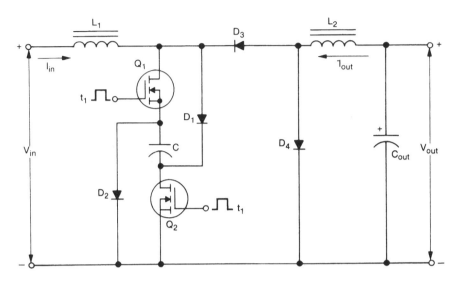

圖3-21 無隔離型的Sheppard-Taylor轉換器電路

乘積能夠達到平衡之狀態，電感器L_1會使得電容器C產生電壓之改變，而此則與Q_1以及Q_2的導通週期成反比。同時，D_3二極體會再變成爲逆向偏壓狀態，而輸出電流則繼續經由飛輪二極體D_4流至負載端。接著利用圖3-22所示之電路就可以推導出輸入與輸出之間的關係式。

所以，由圖3-22可以得知在Q_1與Q_2導通期間，其時間爲t_p，而在關閉期間，其時間則爲t_d。因此，工作週期(duty cycle)δ，則可表示爲

$$\delta = \frac{t_p}{t_p + t_d} \tag{3-46}$$

如先前所提到，跨在電感器L_1上之平均電壓，則爲V_{in}與V_C之和。

由圖3-22(a)我們可以得知在t_p導通期間，若由克希荷夫電壓定律，則可導出

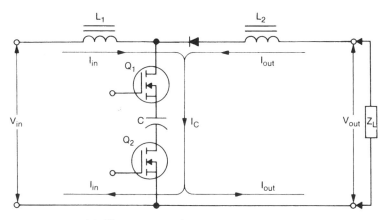

(a)當 MOSFETs 在 ON 時之電流路徑

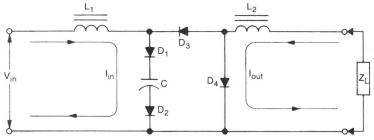

(b)當 MOSFETs 在 OFF 時之電流路徑

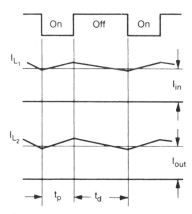

(c)在 ON 與 OFF 期間輸出電流之波形

圖 3-22　Sheppard-Taylor 轉換器的電路分析

$$V_{L_1} = V_{in} - (-V_C)$$

或 $$V_{L_1} = V_{in} + V_c \tag{3-47}$$

而且

$$\frac{dI_{in}}{dt_p} = \frac{V_{in} + V_c}{L_1} \tag{3-48}$$

同樣的，在相同的導通期間裡，跨於L_2兩端之平均電壓為

$$V_{L_2} = V_C - V_{out} \tag{3-49}$$

而且

$$\frac{dI_{out}}{dt_p} = \frac{V_c - V_{out}}{L_2} \tag{3-50}$$

由圖3-22(c)可以得知，在t_p期間，若I_{in}與I_{out}的峰對峰值分別為I_{inp}與I_{outp}，則將方程式3-48式與3-50式予以積分，可得到

$$I_{inp} = \frac{t_p(V_{in} + V_c)}{L_1} \tag{3-51}$$

以及

$$I_{outp} = \frac{t_p(V_c - V_{out})}{L_2} \tag{3-52}$$

而在關閉期間t_d，假設I_{in}與I_{out}之峰對峰值分別為I_{ind}與I_{outd}，則可得出

$$I_{ind} = \frac{t_d(V_c - V_{in})}{L_1} \tag{3-53}$$

以及

$$I_{outd} = \frac{t_d V_{out}}{L_2} \tag{3-54}$$

假設在t_p導通期間，輸入電壓V_{in}與轉換器的輸出負載R保持不變，則在此期間從電容C所引出之能量會正比於在電容兩端之電位降。此電位降可以表示為ΔV_c，因此，充電電量之方程式可以寫為

$$(\Delta V_c)C = I_c t_p \tag{3-55}$$

在此$I_c = I_{in} + I_{out}$。

所以，可以證明得出

$$I_c = \frac{V_{out}^2}{RV_{in}} \tag{3-56}$$

因此

$$(\Delta V_c)C = \frac{t_p V_{out}(V_{out} + V_{in})}{RV_{in}} \tag{3-57}$$

同樣的，如果在t_d關閉期間，V_{in}與R亦保持不變，則在電容C兩端的電壓斜坡，其電位降大小亦為ΔV_c。因此

$$(\Delta V_c)C = I_c t_d \tag{3-58}$$

而且

$$I_c t_d = \frac{t_d V_{out}^2}{R V_{in}} \tag{3-59}$$

由於在t_p與t_d期間，我們假設V_{in}與R保持不變，所以，在L_1上的伏特-秒乘積會相等。因此，由(3-51)式與(3-53)式則可得到

$$t_p(V_{in} + V_c) = t_d(V_c - V_{in}) \tag{3-60}$$

由上式可得出

$$V_c = \frac{V_{in}}{1 - 2\delta} \tag{3-61}$$

在此δ為工作週期，其定義為

$$\delta = \frac{t_p}{t_p + t_d}$$

另外，由(3-52)式與(3-54)式，則可得出如下之關係式：

$$V_{out} = V_c \delta \tag{3-62}$$

或

$$V_{out} = \frac{V_{in}\delta}{1 - 2\delta} \tag{3-63}$$

以上方程式所示就是此新型轉換器典型且唯一的特性,而且由此方程式可以得知,當工作週期趨近於50%時,輸出電壓會趨於無窮大!而此特性使得此轉換器具有相當吸引人且唯一的特色存在,由(3-63)式即可得知,即使在輸入電壓非常低的情況之下,轉換器亦具有保持輸出穩壓良好之能力。

在前面所提到的都是針對非隔離型的轉換器,而在圖3-23所示則是具有隔離型的轉換器。在隔離型的電路中,我們以D_{3A}與D_{3B}取代原來之D_3二極體,並在這兩個二極體之間置入一個高頻的隔離變壓器。

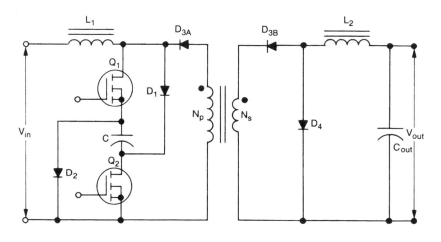

圖3-23 具有隔離型式的Sheppard-Taylor轉換器

在此定義變壓器的圈數比$N = N_p/N_s$,則原來(3-52)式、(3-57)式以及(3-63)式則可修正為

$$I_{outp} = \frac{t_p(V_c - NV_{out})}{NL_2} \tag{3-64}$$

$$(\Delta V_c)C = \frac{t_p V_{out}(NV_{out} + V_{in})}{NRV_{in}}$$

(3-65)

和

$$V_{out} = \frac{V_{in}}{N(1 - 2\delta)}$$

(3-66)

3-8-2　Sheppard-Taylor轉換器的特色(Features of the Sheppard-Taylor Converter)

　　如先前所述，此種轉換器非常適合在高頻(100kHz以上)上的應用。當然若使用在較高的頻率，則功率開關應採用MOSFETs較佳。即使若考慮使用雙極性電晶體做爲功率開關，由(3-61)式則可清楚得知在過電流之期間，功率開關的導通時間非常小；因此，電晶體本身的儲存時間(storage times)則無法提供一大且足夠的控制範圍來予以使用。在較高的頻率下，交換電容C之值亦可使用較小之值，如此使得體積大小與重量都獲得減小，而且電容C值之選擇亦會較實際些。在前面我們亦曾提過此種轉換器在較寬廣之輸入電壓範圍內，亦可保持輸出之穩壓率。因此，此種特性非常適合應用在交流輸入之交換式電源供應器上，尤其是AC 110V至 AC 230V都可共用的電源供應器，而不需在對輸入電路做任何的修改。同時，此轉換器亦可操作在AC交流輸入經整流之後，而不需濾波平滑爲直流輸入之情況；不過如果對保持時間(hold-up time)有所要求的話，則此輸入之濾波電容就有存在的必要了。當然加入此輸入之濾波電容，其保持時間會比其它轉換器增加2倍以上。

　　由圖3-22(c)可知，轉換器的輸入與輸出電流都不是脈動的形式，所以，在FCC或VDE的電磁干擾(EMI)防制上就比較容易、簡單些。

同時，在MOSFETs與功率變壓器上之箝制電路亦不需加入，如此大大地減少零件數目，並提高轉換器之效率。

另外，交換電晶體Q_1與Q_2的導通與截止，並不需要很精確的同步，若有不同步的情況發生，並不會造成轉換器失效或是零件受損。

3-9 高頻諧振轉換器(HIGH-FREQUENCY RESONANT CONVERTERS)

不管是並聯或是串聯的高頻諧振轉換器，目前已經漸漸受到電源設計者的喜愛，尤其是當電源供應器設計在100kHz以上時；這是因為此種轉換器可以提供較小之體積、較佳的可靠度，以及可以大大減小EMI/RFI之干擾。而近來由於控制ICs與功率MOSFETs在技術上大有進展，且價格上也愈來愈便宜，因此，使得諧振正弦轉換器漸漸受到歡迎。目前使用較多的是串聯諧振轉換器，這是因為它們對交換電晶體的轉換時間(transition times)與反向恢復時間(reverse recovery times)能夠有所容忍，不須很在意，而且在操作上也很容易。至於其它正弦諧振轉換器之優點，則描述如下：在一定的功率準位下，諧振轉換器有較高的效率，這是因為功率開關與輸出整流器沒有交換損失(switching losses)的緣故。當然功率損失愈低，所使用的散熱片就愈小；因此，整個轉換器之尺寸大小以及重量都可以減小許多。由於在MOSFET之洩極電流為零時，電壓會被切換，如此使得在操作上更能以更高頻之方式工作；所以，相對地磁性元件與濾波元件就可以更小些。另外，在串聯諧振轉換器中，由於電流天生自然就是正弦形式，所以，就不會像傳統方波轉換器具有很高的di/dt電流變化產生，也就是說EMI/RFI之輻射干擾會比較小些。在下面章節中,我們將詳細探討串聯諧振轉換器之工作原理,以及設計方式。

3-9-1　基本的正弦波串聯諧振轉換器(The Basic Sine Wave Series Resonant Converter)

在圖3-24所示就是基本的串聯諧振轉換器,以及其波形圖。電路之工作原理說明如下:

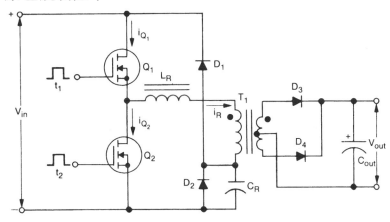

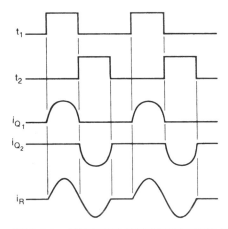

圖3-24　高頻正弦波串聯諧振轉換器與其波形圖

假設MOSFETs Q_1與Q_2都在截止狀態,且電容C_R完全地放完電。此時若驅動脈波t_1提供至Q_1的閘極,將使得Q_1成為導通狀態。所以,電流i_{Q1}會經由諧振電感L_R,流至變壓器T_1的初級繞組,以及諧振電容C_R。由於變壓器圈數比N與輸出電壓是固定不變的,故跨於變壓器初級側繞組之電壓不會改變,而且諧振電流i_{Q1}會被串聯諧振網路$L_R C_R$予以控制,並以正弦的方式從零開始增加,諧振電容C_R會被充電,並將能量經由變壓器T_1傳遞至輸出負載。當到達正弦波的峰值電流時,電容器C_R會被二極體D_1箝制至正的電位。而此時在電感L_P上之電壓停止增加,其能量就會經由變壓器T_1釋放至輸出負載,因此,電流i_{Q1}就會漸漸地遞減至零。當諧振網路的電流到達零時,原來電晶體Q_1在導通狀態就會變成截止狀態,並使得Q_2電晶體變成導通狀態,而此狀態就會週而復始重複下去,原來先前在諧振電容C_R中之充電能量會被取出,因此,如圖3-24所示就可得到完整的諧振正弦波i_R電流,而此則正比於初級側之正弦電壓。而在二次側變壓器中心抽頭的輸出電壓,經過二極體整流以及輸出電容C_{out}的濾波之後,就可獲得純直流的輸出電壓V_{out}。

要注意的是,變壓器的漏電感會與諧振電感串聯在一起,因此,工程師們在設計時就要特別加以留意。

3-9-2 在串聯諧振轉換器中電晶體的選擇 (Transistor Selection in Series Resonant Converter)

在串聯諧振轉換器中,最大的電流會發生在高輸入準位之情況。

由於此電流也會流經交換電晶體MOSFET Q_1與Q_2，因此，在選擇電晶體時就至少要滿足此最低電流

$$I_{\max} = \left(2\,\frac{V_{\text{in,max}}}{V_{\text{in,min}}} - 1\right)I_{\text{low}}$$
(3-67)

在此I_{low}爲在低輸入準位情況下之峰值電流，可表示爲

$$I_{\text{low}} = \left(\frac{\pi}{2}\right)I_{\text{pri}}$$
(3-68)

而且I_{pri}乃爲變壓器初級側之電流，可表示爲

$$I_{\text{pri}} = \frac{2P_{\text{in}}}{V_{\text{in,min}}}$$
(3-69)

至於交換電晶體的阻隔電壓(blocking voltage)至少要大於最大的電源電壓$V_{\text{in,max}}$方可。

3-9-3　功率變壓器的設計(Power Transformer Design)

在串聯諧振轉換器中功率變壓器的設計，可以依照一般傳統設計的方式與過程。然而，在開始時則須決定初級側與次級側之圈數比，如下所示

$$N = \frac{V_{\text{in,min}}}{2V_{\text{out}}}$$
(3-70)

3-9-4　串聯諧振網路$L_R C_R$的設計(Design of the Series Resonant Network $L_R C_R$)

串聯諧振網路的特性阻抗乃爲輸入電壓與輸出功率的函數，可以

表示如下：

$$Z_{\text{out}} = \frac{\eta V_{\text{in,min}}^2}{2\pi P_{\text{out}}}$$ (3-71)

在此　　η 乃爲轉換器的效率。

而諧振電容則可表示爲

$$C_R = \frac{1}{2\pi f Z_{\text{out}}}$$ (3-72)

在此　　f 乃爲轉換器的操作頻率。

至於諧振電感則表示爲

$$L_R = \frac{Z_{\text{out}}}{2\pi f}$$ (3-73)

3-9-5　諧振電感器的設計 (Design of the Resonant Inductor)

首先，我們可以利用下面(3-74)式，計算電路最大儲存之能量：

$$W_{\text{max}} = \frac{1}{2} L_R I_{\text{max}}^2$$ (3-74)

接著計算鐵心所能夠儲存之能量

$$H1_e = \frac{2W_{\text{max}}10^8}{BA_e}$$ (3-75)

在此 B 值之選擇乃爲鐵心操作之磁通密度，單位爲高斯(gauss)。（最好之選擇點爲 $B = B_{\text{sat}}/2$，而在此 A_e 乃爲鐵心之有效面積，單位 cm^2），由於

$$H1_e = NI_{\text{max}}$$ (3-76)

所以，由上式可以得出諧振電感所須之圈數

$$N = \frac{H1_e}{I_{max}}$$

(3-77)

爲了防止電感之鐵心產生飽和情況，所以，有必要在磁路上加入空氣間隙。空氣間隙之大小則可由下式求出

$$l_g = \frac{NI_{max}}{H} = \frac{\mu NI_{max}}{B} = \frac{NI_{max}}{(B/\mu)}$$

(3-78)

在此 μ 乃爲鐵心的導磁率(permeability)。而間隙l_g之單位則爲mm(厘米)。

例題 3-3

若有一200W之串聯諧振轉換器，操作頻率爲200kHz，試計算串聯諧振網路L_R與C_R之值。假設轉換器之效率爲80％，輸入電壓之範圍爲90～130V$_{ac}$。

解：計算最小與最大之直流輸入電壓

$$V_{in,min} = 1.4 \times 90 = 126 \text{ V dc}$$
$$V_{in,max} = 1.4 \times 130 = 182 \text{ V dc}$$

由於輸出功率爲$P_{out} = 200$W，而且效率 $\eta = 0.8$，所以$P_{in} = 200/0.8 = 250$W。

由(3-69)式可以得出平均初級側之電流爲

$$I_{pri} = \frac{2P_{in}}{V_{in,min}} = \frac{2(250)}{126} = 4 \text{ A}$$

因此

$$I_{low} = \left(\frac{\pi}{2}\right)I_{pri} = \left(\frac{3.14}{2}\right)4 = 6.28 \text{ A}$$

且

$$I_{max} = \left(2\frac{V_{in,max}}{V_{in,max}} - 1\right)I_{low} = \left(2\frac{182}{126} - 1\right)6.28 = 11.86 \text{ A}$$

所以，在選擇MOSFET時，至少需要能夠承受11.86A之洩極電流(drain current)方可。

由(3-71)式，我們可以得到

$$Z_{\text{out}} = \frac{\eta V_{\text{in,min}}^2}{2\pi P_{\text{out}}} = \frac{0.8(126)^2}{6.28(250)} = 8.09 \ \Omega$$

因此

$$C_R = \frac{1}{2\pi f Z_{\text{out}}} = \frac{1}{6.28(200 \times 10^3)(8.09)} = 0.1 \ \mu\text{F}$$

且

$$L_R = \frac{Z_{\text{out}}}{2\pi f} = \frac{8.09}{6.28(200 \times 10^3)} = 6.44 \ \mu\text{H}$$

由於在電感器中所儲存之最大能量是在高的輸入準位情況，因此，由(3-74)式可以計算出電路所需之最大能量為

$$W_{\text{max}} = \frac{1}{2} L_R I_{\text{max}}^2 = \frac{1}{2}(6.44 \times 10^{-6})(11.86)^2 = 453 \ \mu\text{J}$$

若所使用的鐵心為陶鐵磁(ferrite)，且磁通密度$B = 1500\text{G}$，$A_e = 0.9$，所以

$$H1_e = \frac{2W_{\text{max}}10^8}{BA_e} = \frac{2(453)10^{-6}10^8}{1500(0.9)} = 67 \ \text{AT}$$

接著利用(3-77)式，則可計算出諧振電感所需之圈數為

$$N = \frac{H1_e}{I_{\text{max}}} = \frac{67}{11.86} = 6 \ \text{turns}$$

利用(3-78)式，則可將電感所需之空氣間隙計算出來，

$$l_g = \frac{NI_{\text{max}}}{(B/\mu)} = \frac{67}{[0.15/(4\pi)10^{-7}]} = 0.561 \ \text{mm}$$

由於串聯諧振轉換器都是操作在高頻情況，所以，在零件之選擇上則須特別注意。例如在電感器與功率變壓器的設計上最好採用Litz

繞線，如此可以減低集膚效應(skin effects)之發生。而電容器則必須選擇具有較低之ESR與ESL方可，且還要具有良好漣波電流額定值之電容器才是最佳之選擇。例如選擇Polypropylene(聚丙烯)之電容器在這些頻率下就是一個最好之決定。

相反地，輸出整流二極體，若與它之轉換器比較之下，就不需要選擇非常快速之二極體，這是因為諧振型轉換器天生麗質在二極體turn-off時，就具有非常低的di/dt之值。

3-10　電流模式穩壓轉換器(CURRENT-MODE REGULATED CONVERTERS)

電流模式之穩壓轉換器與傳統的PWM轉換器是顯而易見有所不同。電流模式之轉換器是利用內部迴路直接控制電感之峰值電流與誤差信號，而非控制脈波寬度調變器的工作週期。在圖3-25所示乃為定頻電流模式順向轉換器之方塊圖。

如圖中所示，誤差放大器會將迴授之輸出電壓與固定之參考電壓做比較，經比較之後會得到誤差信號V_e，而此信號可以用來控制峰值開關電流，此電流則與平均輸出電感電流成正比。

若與傳統的PWM轉換器比較，則電流模式控制的轉換器就與生俱來以下一些優點：

1. 自動的前向回饋，因此可獲得極好的線穩壓率(line regulation)。
2. 由於會檢測峰值電流做回授，所以，可達到自動對稱之修正，如此使得推挽式電路非常適合使用，而不須複雜之平衡修正電路。
3. 由於使用取樣之技術，可以自動達到電流限制之控制。
4. 迴路之補償非常簡單。

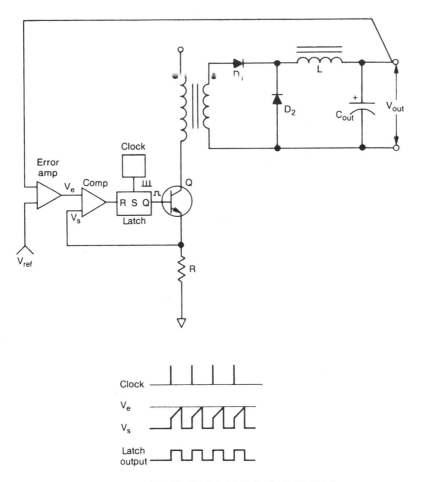

圖 3.25　電流模式順向轉換器與其波形圖

5.　可以改善暫態響應。

6.　可以將好幾個轉換器並聯使用，並可使得每一個轉換器之輸出電
　　流都可分配得很平均。

　　當然，電流模式控制之轉換器亦有某些限制，重要幾點如下所示：

1.　若工作週期超過50％，迴路就會不穩定。

2.　由於峰值取代了平均值電感電流之檢測，故會比理想迴路響應較差些。

3. 會有次諧波振盪之傾向。

4. 對雜訊非常敏感，尤其是在非常小的電感漣波電流之情況。

　　不過在設計上，祇要仔細地留意些，以上之問題可以被減小或是消除之，如此可使得電流模式控制之技術能夠廣範地應用在高頻交換式電源供應器之設計上。

　　Unitrode公司出品的UC1846與UC1847系列就是電流模式PWM的控制IC，而此IC具有很好的功能，可以設計出高性能、低價格的電源供應器，其工作頻率則可高達500kHz。在本書第七章會針對UC1846電流模式控制IC加以描述。

　　另外Unitrode公司的UC1823與UC1825系列IC，則可選擇操作在電壓模式或是電流模式，而其工作頻率則可高達2MHz。至於詳細的規格及應用資料，讀者可以參考Unitrode公司出版的"Linear Integrated Circuits Databook"。

3-11　Ward轉換器
　　　　(THE WARD CONVERTER)

　　Ward轉換器是一個新的dc-dc轉換器，是由Dr. Michael Vlahos Ward所發明。雖然此轉換器電路已經經過發明者做過基本的分析研究，且實際的電路雛型也已經設計出來，不過還有許多特色尚待大家一起去發掘。作者相信此轉換器具有許多優點且非常適合操作在高頻中。由於它是屬於零電流交換(zero-current-switching)的轉換器，因此，非常適合設計應用在較高頻的電路。也就是說在零電流的時候，功率轉換開關會被導通；而當電流反向時，功率轉換開關就會被關閉。就像其它零電流的轉換器一樣，Ward轉換器之交換損失(switching losses)也是非常小。因此，電路甚至於可以操作在好幾MHz之頻率裡。當然，讀者對此電路若有興趣可以進一步深入了解或去研究它。在圖3-26所示就是此轉換器電路與其波形圖。

　　至於此轉換器則依序以電感性與電容性儲存輸入能量的方式來操作；在電感性操作情況時，其能量會被傳遞至輸出電路，而在電容性操作情況，能量則保持在電路中。由圖3-26可以得知，當MOSFET開關Q導通時，能量儲存電感器L_1會開始有電流i_1流通。而在同時原來在穩態情況已經充滿能量的C_1電容器，此時會開始將其能量釋放出來，如此可得到一個半弦的輸入電流I_1，並且藉由變壓器之動作，此電流會轉移至輸出，然後經由二極體D_2，向輸出電容器C_{out}充電。當開關Q截止時，電感電流I_1會向C_1電容器充電，以備下一個週期大部份之能量皆可傳遞至輸出電容器。在第二個週期裡，電流I_n會流經跨於MOSFET開關的二極體D_1，來完成電容器C_1另外一半的放電週期，而當D_1二極體被反向偏壓之後，則V_1之波形就如圖中所示。

　　由波形圖可以得知，當Q在導通時，也就是在能量儲存期間，在輸出電容器C_2上會產生一負的充電電位，而此情況則必須予以處理。因此，若能恰當處理此種"錯誤極性"的充電，乃為此轉換器最後成功之關鍵。至於正確的相位關係會在能量轉移相位期間予以決定，此負的充電能量會被反饋至輸入電路，並將其能量轉移至C_1電容器，而在此同時就會得到零電流之情況，且在此瞬間開關Q會在截止狀態。在此方式下，所有在C_1的能量都會轉移至輸出電容器C_{out}，而且幾乎沒

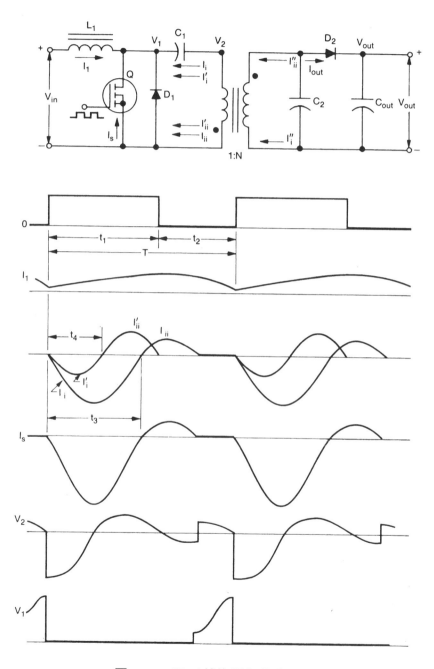

圖 3-26　Ward 轉換器與其波形圖

有反向電流$I_{\prime\prime}$存在以便用來抵消電流I_1以及由二次側電流$I_{\prime\prime}$轉移過來的初級電流$I_{\prime\prime}$，如此將可保證在MOSFET截止時會有零電流交越產生。

3-11-1　Ward轉換器的電路分析 (Circuit Analysis of the Ward Converter)

在本節中將以一些簡單關係式來表示Ward轉換器電路各參數之間的關係。

首先，輸入電容C_1與輸出電容C_{out}之間的關係乃由系統之需求來決定，且與變壓器之圈數比N有關，表示如下：

$$\lambda = \frac{C_{out}N^2}{C_1} \tag{3-79}$$

基本上，參數 λ 在此則代表C_{out}完全充電，轉換器所需的操作週期數目。顯而易見，λ 愈大，轉換器的操作頻率愈高，而且對輸出的短路則比較不敏感。

若假設獲得一輸出電壓V_{out}，則變壓器理想之圈數比為

$$N = \frac{2V_{out}}{V_1} \tag{3.80}$$

在此V_1乃為能量儲存電容器C_1在充電週期結束時(在t_2時間)所充之電壓，其大小可以表示為

$$V_1 = V_{in}\left[1 + \sqrt{1 + \left(\frac{I_{L_1}}{I_m}\right)^2}\right] \tag{3-81}$$

在此I_{L_1}乃為MOSFET Q在截止瞬間，流經電感器L_1之最大充電電流，

表示如下

$$I_{L_1} = I_{dc} + V_{in}\left(\frac{t_1}{L_1}\right) \tag{3-82}$$

在此I_{dc}為t_2期間之dc電流值。

　　而一般會將t_1時間設定比放電時間t_3長些，此值為

$$t_3 = \pi\sqrt{L_{pe}C_1} \tag{3-83}$$

在此L_{pe}為初級側之漏電感值，其值可表示為

$$L_{pe} = L_p(1 - k^2) \tag{3-84}$$

當轉換器在L_1上之起始電流為零且在C_1上之起始電壓為零，則在(3-81)式中的I_m乃為最大電流，此電流會流經由V_{in}，L_1，與C_1，以及變壓器之初級繞組所組成之串聯電路，此值可表示為

$$I_m = \frac{V_{in}}{Z} \tag{3-85}$$

且

$$Z = \sqrt{\frac{L_1}{C_1}} \tag{3-86}$$

至於L_{pe}/L_1之值則遠小於1。

3-11-2　Ward轉換器的設計過程(Design Procedure for the Ward Converter)

　　為了設計此Ward轉換器，首先我們可定義出輸出功率P_{out}之表示式為

$$P_{out} = \frac{\frac{1}{2}C_1V_1^2 f}{\eta} \tag{3-87}$$

在此η為轉換器之效率，且f為操作頻率。

選擇C_1與V_1值，則可決定出操作頻率(也就是說即可得知交換週期)，以及t_3之值，此值一般在起始時都假設為交換週期T的一半。至於變壓器參數值之第 個近似可由(3-80)式來獲得，其它則可參考第五章。

基本上，V_1值之範圍是在二至六倍的V_{in}，所以，在設計上必須予以調整，以得到所需之操作準位。

至於Ward轉換器能夠成功操作的重要關鍵因素，就是跨於變壓器輸出端之C_2電容器之安置與正確之選擇。C_2之值可由下式得出

$$C_2 = \frac{\mu C_1}{N^2} \tag{3-88}$$

在此$0.5 \le \mu \le 1$，但是會較接近於0.5。

另外一個與μ有關之參數ν定義為

$$\nu = \frac{\mu}{1 + \mu} \tag{3-89}$$

此參數可用來定義轉換器之工作週期T。(3-89)式可用來決定L_1之值，且對完成轉換器之規格有所助益。

半工作週期t_4之時間可以表示如下

$$t_4 = \pi \sqrt{L_{pe} C_1 \nu}$$

且 $\qquad t_4 = t_3 \sqrt{\nu} \tag{3-90}$

此值在選擇時會稍微比t_3的一半還大些，這可由圖3-26之波形圖得知。例如，$t_4 = 0.6 t_3$，$\nu = 0.36$且$\mu = 0.56$。

3-11-3 Ward轉換器的特色(Features of the Ward Converter)

在某些應用上傳統的轉換器無法滿足的，則可考慮使用Ward轉換器。轉換器若使用在昇壓的結構中，在圖3-26中理論上所預測之波形圖，可以經由真正實際量測來再度產生驗證之。

Ward轉換器有一個重要的特色就是能夠承受輸出短路，而不須額外之保護電路，因此，若輸出負載為電容性情況，Ward轉換器就顯得特別管用。由於Ward轉換器會在零電流狀態交換，因此，EMI問題比較小，所以，就不須使用到箝制網路(snubber networks)。Ward轉換器之效率非常高，一般大約在85％至90％。另外，此轉換器之特色就是有較寬廣之輸入電壓範圍。

前面曾經提過，Ward轉換器尚待發掘與分析，還有許多優點沒有完全被人發現出來。尚待研究的方向則例如控制至輸出(control-to-output)之轉移函數，動態特性，零件之應力分析，以及起動之暫態分析。

第四章

轉換器功率電晶體的設計

(THE POWER TRANSISTOR IN CONVERTER DESIGN)

4-0　概論(INTRODUCTION)

在圖1-1的方塊圖中,所描述的為轉換式電源供給器,其轉換的方塊部份,主要包括轉換元件,其種類非常多,如電晶體、SCR、GTO,都是電源設計者使用多年了,但是較受歡迎,也較常用的是雙極性電晶體,近年來MOSFET亦大行其道,深受人們喜愛。因此,本章將討論雙極性電晶體、MOSFET與GTO的各種特性,以及他們在轉換式電源供給器中的使用。

4-1　電晶體的選擇
　　　(TRANSISTOR SELECTION)

在設計轉換器時,有二個電晶體的參數值需予以考慮,第一個就是電晶體在OFF時,其電壓阻隔能力之值,其次,就是電晶體在ON時,其電流承載容許值。因此,這些參數值依所選用轉換器之種類而定,再來選擇適用的電晶體,在第三章中,我們已討論過如何選擇適當元件的設計公式與方式。

對設計者來說,另一重要的考慮因素必須去面對的是,到底是要使用雙極性電晶體或是MOSFET較好呢?其實這二者各有其優缺點,以目前來說,雙極性電晶體價格上較便宜,然而使用MOSFET,其驅動電路較為簡單。

另外,雙極性電晶體的工作截止頻率被限制在50kHz左右,而MOSFET可使用在高達200kHz的轉換頻率下。當然,若使用愈高的頻率,元件可以更小型化,同時電源供給器也會更小型化,更簡捷,事實上,這也是目前電源供給器設計的潮流與趨勢。

4-2 雙極性功率電晶體的開關作用 (THE BIPOLAR POWER TRANSISTOR USED AS A SWITCH)

　　雙極性電晶體在本質上就是屬於電流驅動的元件，乃因我們在基極端注入電流時，在集極端就會有電流的產生。集極電流值的大小是依電晶體的增益而定，其關係式為

$$\beta = \frac{I_C}{I_B}$$

(4-1)

在此 I_C 為集極電流(A)，I_B 為基極電流(A)。

　　基本上雙極性電晶體有二種操作型式：線性與飽和型式。線性型式是用於放大電路中，而飽和型式則用於將電晶體開關於ON或OFF狀態。

　　在圖4-1所示為典型的雙極性電晶體 $V{-}I$ 特性曲線，當電晶體使用於轉換狀態時，我們可從 $V{-}I$ 特性曲線上看出其飽和區域部份，也就是說在此區域，只要某一數值的基極電流能夠將電晶體開關於ON狀態，就會有大量的集極電流產生，此時集極至射極端的電壓值非常小。

　　在轉換電路的應用上，必須有足夠的基極驅動電流，使得電晶體確時達到ON的狀態，而逆向極性的基極電流，也必須確實使用電晶體處於OFF狀態。由於電晶體並非理想的元件。因此，在操作上就會有延遲時間(delay times)與儲存時間(storage times)產生。

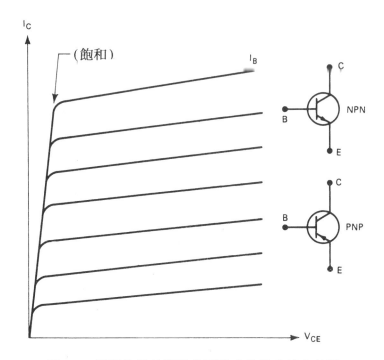

圖4-1　雙極性電晶體的典型輸出特性曲線與符號

在下節中我們將對不連續的雙極性電晶體做某些定義，它是以步階函數信號來驅動至電阻性負載。

4-3　雙極性電晶體交換時間的定義(電阻性負載)(SWITCH TIMES DEFINITIONS OF BIPOLAR TRANSISTORS (RESISTIVE LOAD))

我們以基極脈波電流I_B，來驅動雙極性NPN電晶體至電阻性負載，則其產生的基極-射極與集極-射極的電壓波形，如圖4-2所示，以下將以這些波形來做一些定義：

延遲時間(delay time)t_d：所謂延遲時間就是基極脈波驅動電流I_{B1}至集極-射極電壓V_{CE}下降到初值90％之處的這段期間稱之。

上升時間(rise time)t_r：集極-射極電壓波形V_{CE}下降到10％至90％的這段間，我們稱為上升時間。

儲存時間(storage time)t_{stg}：所謂儲存時間就是反向的基極脈波驅動電流 I_{B2} 至集極-射極電壓 V_{CE} 到達其終值的10％之處的這段期間稱之。

下降時間(fall tiem)$t_{f,V_{CE}}$：集極-射極電壓波形V_{CE}上升到10％至90％的這段時間，我們稱為下降時間。

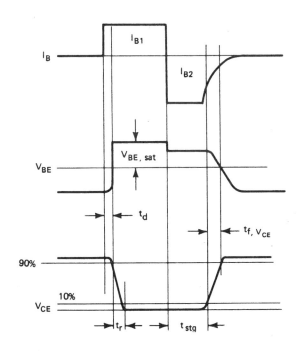

圖4-2　雙極性電晶體轉換波形

4-4 電感性負載交換時間的關係 (INDUCTIVE LOAD SWITCHING RELATIONSHIPS)

在上節中我們都是以集極-射極電壓波形，來定義雙極性電晶體的轉換時間，由於負載是電阻性的，因此我們若以集極電流來定義轉換時間，亦是相同的。然而如果電晶體所驅動的是電感性負載的話，集極的電壓波形與電流波形將會有所不同，這是因為在所使用的電壓情況下，流經電感器的電流，並不會瞬時產生，在電晶體OFF時，我們期望在電流開始下降以前，集極-射極電壓能上升至直流電源電壓。因此我們可定義出二種下降時間，一則以集極-射極電壓波形來定義，$t_{f \cdot V_{CE}}$，另外以集極電流來定義，$t_{f \cdot I_{CE}}$，在圖4-3為其波形圖。

我們觀察圖4-3波形，可得知集極-射極電壓波形所定義的$t_{f \cdot V_{CE}}$與電阻性負載情況相同，至於集極電流波形所定義的下降時間$t_{f \cdot I_C}$為集極電流由初值的90％降至10％的這段期間稱之。一般來說，負載電感L就可視為一電流源(current source)，因此它能較電阻性負載，快速地將基極-集極暫態電容予以充電，所以在相同的基極與集極電流下，對電感性電路來說，集極-射極電壓的下降時間$t_{f \cdot V_{CE}}$是較短的。

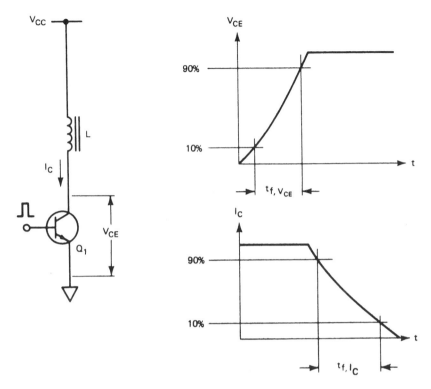

圖 4-3　雙極性轉換電晶體驅動感應負載與其下降時間特性的波形，需注意的是電流落後集極-射極電壓

4-5 電晶體反飽和電路 (TRANSISTOR ANTISATURATION CIRCUITS)

在圖4-2的波形中，電晶體最長的轉換時間就是其儲存時間(storage time)t_{stg}，因此如果能夠降低儲存時間，則整個電晶體的轉換速度就會有所改進。因此，我們只要結合使用大型的逆向基極驅動與反飽和的方法，就可減少儲存時間至零的境界。

　　至於逆向基極電流的產生用來作基極驅動的方法，我們將在4-6節再做討論，在此我們將討論使用二種方法使得轉換電晶體不會飽和，其目的就是要減少儲存時間至零值，來改進電晶體的轉換速度。

　　在圖4-4(a)的電路中我們使用反飽和二極體，一般也稱之為Baker式制止二極體，將此二極體與轉換電晶體連接使用，可減少儲存時間，由電路可得知，當電晶體ON時，二極體D_2與D_3順向偏壓，會有電壓降產生，因此輸入端電位會較基極端電位高，假設二極體D_2與D_3的順向偏壓為0.8V，則輸入端會較基極端高出1.6V的電壓降，由於電晶體集極端與D_1二極體連接，因此輸入端會較集極端高出0.8V的電壓，所以，電晶體的集極端電壓會大於基極端的電壓，且為正值，其值為$1.6-0.8=0.8$V，如此，電晶體就不在飽和狀態了。由於電晶體都是在20kHz以上的高頻率下工作，因此，反飽和二極體必須使用高速回復二極體的型式。二極體D_2與D_3其逆向阻隔電壓題定值可以較低，但

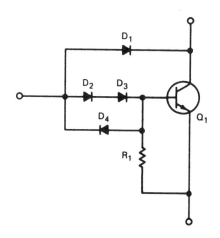

(a)反飽和二極體防止Q_1
電晶體處飽和狀態

圖4-4

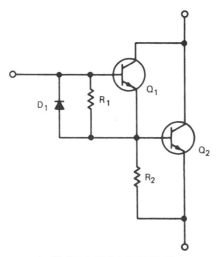

(b)使用達靈頓電路使得Q_2
電晶體不處於飽和狀態

圖 4-4　（續）

是二極體D_1則必須具有至少$2V_{CE}$的額定值，對轉換式電源供給器來說
，一般都使用800V PIV的二極體。

　　二極體D_4是屬於"包周(wrap-around)"的型式，它用來當電晶體
OFF時，牽引逆向基極電流，將基極-射極端的電容放電，如此可減
少儲存時間。

　　在圖4-4(b)所示，爲達靈頓連接的電路，其工作原理基本上是與
前面所描述的相似，電晶體Q_1的作用就是用來防止Q_2電晶體完全地達
到飽和狀態，在此有一點非常重要的是電晶體Q_1必須較Q_2事先到達
OFF狀態，二極體D_1提供了一個低阻抗的路徑，作爲Q_2電晶體在OFF
時，其逆向基極電流回路之用，R_1與R_2爲低歐姆值的電阻，提供給電
晶體Q_1與Q_2的漏電流路徑。

　　圖中的達靈頓電路可以使用個別的分離元件來組合，亦可使用已
裝置在一起的單石(monolithic)達靈頓電路。

4-6 雙極性電晶體基極驅動電路的方法 (BASE DRIVE CIRCUIT TECHNIQUES FOR BIPOLAR TRANSISTORS)

4-6-1 恒定驅動電流電路(Constant Drive Current Circuits)

在前節中我們已討論過雙極性電晶體,當做開關時在ON或OFF狀態的限制,顯而易見的,爲了減少飽和的損失,必須有適當大小的順向基極驅動電流I_{B1},爲了減少儲存時間與電晶體的轉換損失(switching losses),也必須有足夠的逆向基極驅動電流I_{B2}。

在此我們需注意的是,當I_{B2}電流增加時,電晶體的儲存時間與下降時間都會減少,射極至基極的逆向偏壓V_{EB}也會增加,而其逆向偏壓的二次崩潰能量E_{SB},也會被降低,因此,在設計逆向驅動電路時,若不小心的話,轉換電晶體很可能因爲二次崩潰而被損壞了。在4-7-2節中,我們將討論E_{SB}的重要性,與雙極性電晶體二次崩潰的現象。總而言之,在實際設計上,逆向基極驅動電路必須有低來源阻抗(source impedance),也就是此電路必須能提供高的I_{B2}電流與低的V_{EB}電壓。

一般在製造商的資料手冊中,都會提供逆向射極至基極偏壓的極限值,在實際電路設計上,所用的V_{EB}值是從$-2V$到$-5V$之間,愈高的逆向基極電壓會減少儲存時間的延遲,這是因爲會允許更少數的載子,經由復合而被中性化(neutralized),因此移去所儲存電荷的時間就更短了。

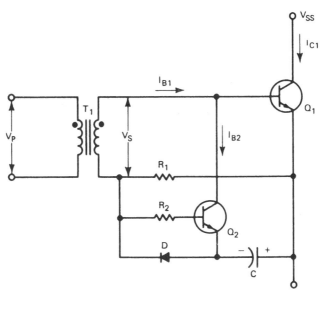

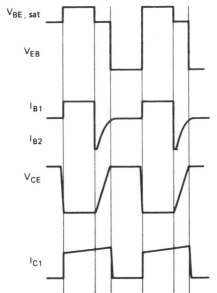

圖 4-5　使用隔離變壓器驅動功率開關 Q_1 於 ON 與 OFF 狀態的基極驅動電路。圖中所示為其電壓與電流的轉換波形

　　目前較常用的基極驅動電路是使用浮動式轉換電晶體，如圖4-5所示的電路與波形。線路操作原理說明如下：當在變壓器的次級端出現正脈波V_s時，順向基極驅動電流I_{B1}會流入電晶體Q_1的基極，並將電晶體予以導通，電阻R_1限制此電流至預先設定之值。此基極電流值乃由增益比(gain ratio)所定，在實際電路中增益之值介於8到10之間，集極電流之值我們由輸出功率的大小與轉換器的型式，即可計算出來，因此基極電流，我們就可以由(4-1)式預先決定了。

　　此正的驅動脈波會迅速地將電容器C充電，因此在電容器上的充電電壓為

$$V_C = V_S - V_{BE} - V_D \tag{4-2}$$

在此　　　V_S：變壓器次級端電壓振幅

　　　　　V_{BE}：Q_1電晶體飽和基極-射極電壓

　　　　　V_D：二極體D的順向偏壓

如果我們假設$V_{BE}=V_D=0.8$V，則(4-2)式變為

$$V_C = V_S - 1.6 \tag{4-3}$$

當變壓器的初級圈趨於零電位時，此時變壓器次級圈亦同樣趨於零電位，而已充滿電荷的電容器C，會將Q_2電晶體的基極順向偏壓，此時電晶體會被導通，因此，會牽引Q_1電晶體的基極至負電位。

　　電容器此時會與Q_1電晶體基極-射極接頭處連接，因此會有大的逆向基極電流I_{B2}產生，此電流值大小是由電容器與線路電阻值與電晶體Q_1、Q_2的特性來決定的。

　　另外一種應用於轉換式電源供給器上，已證實非常有效用的基驅動電路，如圖4-6所示。此電路有個顯著的優點是在使用最少的元件下，能提供適當的I_{B2}電流，電路的操作原理如下：當電晶體Q_1於ON

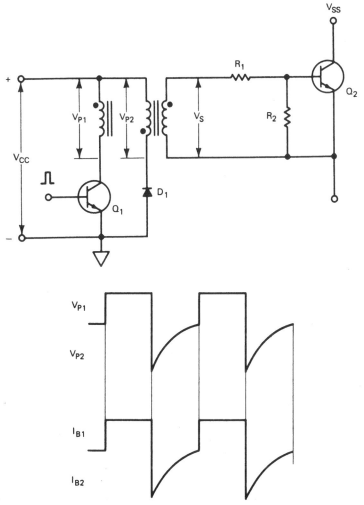

圖4-6　變壓器耦合基極驅動電路，儲存在變壓器的能量經由第三繞組產生逆向基
極驅動

狀態時，基極驅動變壓器的初級圈連接至供應電壓V_{cc}上，並將能量
儲存於變壓器上，而初級圈兩端會有電壓脈波V_{P1}產生，此電壓脈波
合耦合至次級端，由於變壓器的初級端與次級端極性相同，因此次級
端也會有正的電壓脈波V_s產生，可將Q_2電晶體導通。

R_1為基極限流電阻,其作用允許足夠的I_{B1}電流來驅動Q_2電晶體導通,不需將電晶體過度驅動(overdriving)或過度飽和(oversaturating),電阻R_2提供Q_2電晶體的基極–射極接頭的漏電流路徑,一般R_2電阻值都非常低,其值介於50Ω至100Ω之間。

當Q_1電晶體OFF時,儲存在變壓器的能量經由第三個繞組與二極體D_1返回至V_{cc}值,由於第三個繞組的極性與初級繞組的極性相反,因此會有反向極性的電壓脈波V_{P2}產生,此負的脈波電壓會耦合至次級端,而有逆向驅動電流I_{B2}產生。

當我們在設計基極驅動變壓器時,初級至次級的圈數比,必須選擇不超過Q_2電晶體的V_{BE}與V_{EB}規格,一般初級繞組與第三繞組的圈數是相同的。

另外需注意的是初級繞組與第三繞組必須緊緊纏繞(以雙繞方式),減少漏電感值,以避免產生過大的電壓波尖。電晶體Q_1的選擇,必須電晶體在OFF時集極能承受最少二倍的V_{cc}電壓。為了簡化變壓器,我們將電路略作修正,並保有先前所描述的優點,此實際電路如圖4-7所示。

如果正脈波電壓V_P出現於基極驅動變壓器的初級繞組上,則在次級端也會有正的電壓脈波V_S產生,並將Q_1電晶體導通。在正脈波期間,順向驅動電流I_{B1}會將電容器C充電,其極性如圖4-7所示。電容器上的電壓,由於二極體D_1、D_2與D_3的順向電壓降,會被箝制於3V,我們可用電壓額定值相同的稽納二極體(zener diode)來取代這些二極體。當初級電壓趨於零時,變壓器次級端電壓也會趨於零值,此時電容器C的正端點,即為Q_1電晶體的射極電位。此時充電的電容器會連接至電晶體開關的基極-射極接頭處,產生所需的逆向基極驅動電流I_{B2},並將電晶體OFF且減少其儲存時間。

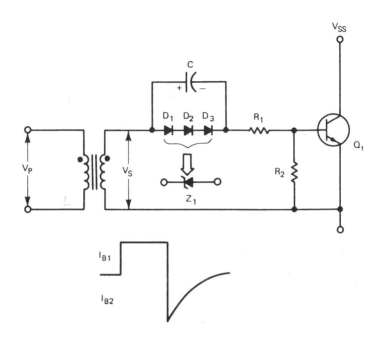

圖4-7　使用簡單隔離變壓器的基極驅動電路可用來產生電晶體在ON時的脈波，可
　　　　由電容器C的負充電來產生關閉驅動信號

　　在圖4-8中為簡單的驅動電路，可用來驅動直接耦合的功率電晶
體，由Q_1與Q_2電晶體組成的射極隨耦器，會交替地將Q_3電晶體ON或
OFF，其基極電位為V_{cc}或零電位。當電晶體Q_1於ON狀態時，Q_3電晶
體也會被導通，此時電容器C會被充電，稽納二極體Z_1會限制電容器
C的充電(在實際電路中$V_z=4.3V$)，而且也提供了順向基極驅動電流
I_{B1}的路徑，其電流值被電阻R_1所設定。電晶體Q_1於OFF狀態，Q_2於ON
狀態時，充電電容器C會有效地連接至Q_3電晶體的基極-射極，因此，
由於電容器的極性，會有逆向電流I_{B2}的產生，I_{B2}電流值大小是依電晶
體Q_2的增益，與電容器C之值與充電大小及線路阻抗而定。

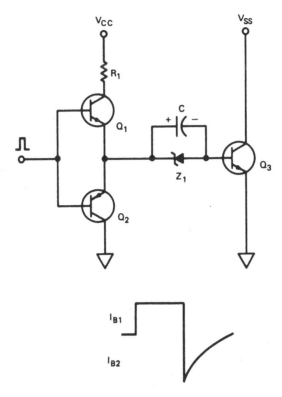

圖 4-8　電容器耦合的直接驅動基極電路，可由充電電容器C產生順向與逆向基極驅動電流。稽納二極體Z₁可用來在電容器上制止預定準位的電壓

4-6-2　比例式基極驅動電路
(A Proportional Base Drive Circuit)

　　在前節中所描述的基極驅動電路，都會提供恒定的驅動電流至電晶體開關，不過這些電路有個缺點就是當集極電流低時，由於電晶體 β 值的改變，以致於電晶體的儲存時間無法足夠地或有效地達到較短的時間。

　　因此，如果我們使用比例式基極驅動的方法，就可以控制 β 值了，而且事實上我們能夠保持所有集極電流爲一恆定值。所以，使用此種型式的驅動方法，在集極電流低的情況下，我們所期望的是去縮短儲存時間，其結果會優於使用恆定驅動電流的方法。

在圖4-9所示，就是比例式基極驅動電路，此電路的操作原理說明如下：當Q_1電晶體ON時，T_1變壓器處於負飽和狀態，此時Q_2電晶體OFF，在Q_1處於ON這段期間，在N_1繞組上會有電流流過，此電流值大小會被串聯電阻R所限制，因此在繞組上就會有能量儲存並保持T_1變壓器在飽和狀態，當Q_1電晶體OFF時，儲存在N_1上的能量會轉移至繞組N_4上，並在Q_2上有基極電流流通，此時會將Q_2電晶體導通，因此會有集極電流的產生，則變壓器N_2繞組上會被激發而有能量儲存，所以，在變壓器T_1上有標記圓點的各端點都會變成正電位，並牽引鐵心由負飽和變成正飽和。

由於N_2與N_4繞組，其動作就如電流變壓器，電晶體Q_2會保持在ON狀態，此時在所有集極電流準位下會強制β值保持常數。Q_1電晶體變成ON時，Q_2電晶體才會轉換至OFF狀態，下面的公式可用來計算變壓器的圈數比，對Q_2來說使用一個強制的β常數值，則有

$$\beta = \frac{N_4}{N_2} \tag{4-4}$$

在變壓器操作期間，t_{ON}與t_{OFF}的磁通密度必須相等，

$$\Delta\Phi t_{on} = \Delta\Phi t_{off} \tag{4-5}$$

且　　　　$$\Delta\Phi = 2B_{max}A_C \tag{4-6}$$

在此B_{max}爲最大操作磁通密度(單位爲高斯)，A_C爲鐵心面積(單位爲平方公分)。

由基本的磁性公式我們可得到

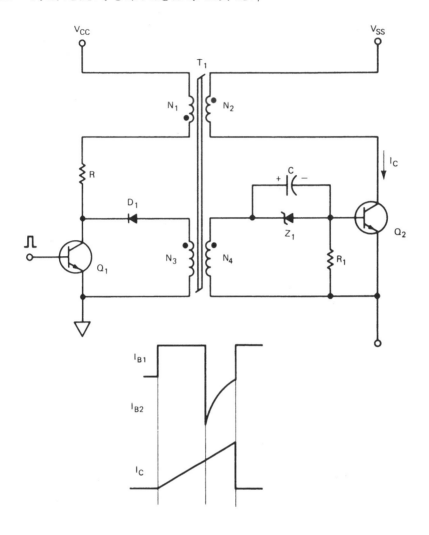

圖 4-9 比例式基極驅動電路與其基極電流和集極電流波形

$$N(\Delta\Phi) = \frac{V}{2f(10^{-8})} \tag{4-7}$$

將(4-6)式與(4-7)式結合，我們可求得 N_1 與 N_4 變壓器的繞組

$$N_1 = \frac{V_{CC}(10^8)}{2fB_{max}A_C} \tag{4-8}$$

$$N_4 = \frac{V_{BE}(10^8)}{2fB_{max}A_C}$$
(4-9)

在此V_{BE}為Q_2電晶體的基極-射極電壓，f為轉換器的操作頻率(kHz)。將(4-8)式與(4-9)式相除，可得N_1/N_4的圈數比為

$$\frac{N_1}{N_4} = \frac{V_{CC}}{V_{BE}} \frac{t_{off}}{t_{on}}$$
(4-10)

4-6-3 其它型式的比例式基極驅動電路 (An Alternative Proportional Base Drive Circuit)

在圖4-10所示之電路是另外一種比例式基極驅動電路，作者曾經將此電路實際應用在交換式電源供應器上，結果驗證效果非常好。

電路之操作原理說明如下：當電晶體Q_1在基極有正的控制脈波來時，Q_1就會在導通狀態。此時由於驅動變壓器繞組極性的關係，電晶體Q_2會在截止狀態。同時，磁化電流I_d會在變壓器繞組N_d建立起來，並趨至穩定狀態。此磁化電流可以表示為

$$I_d = \frac{V_{dd}}{R}$$
(4-11)

而當電晶體Q_1截止時，I_d電流就不會產生，此時由於變壓器繞組極性關係，能量會轉移至Q_2的基極繞組N_b，並感應產生電流I_b，使得電晶體Q_2在導通狀態。

這個時候就會有電流I_c流至變壓器繞組N_c。由於繞組N_b與N_c其動作狀態就好像是電流變壓器，因此，在Q_2導通期間裏流經Q_2與繞組N_c

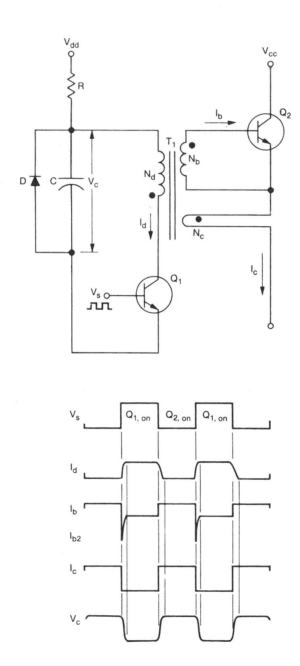

圖 4-10　比例式基極驅動電路與其波形圖

之I_c電流，會使得Q_2之基極驅動能力再度增強。至於I_c電流與比例式基極電流I_b之間的關係可以由下式表示之：

$$I_c = I_b \frac{N_b}{N_c} \tag{4-12}$$

且

$$\frac{N_d}{N_b} = \frac{V_{dd} - 1}{V_{bb}} \tag{4-13}$$

在此V_{bb}是在I_c電流最大情況Q_2關閉時之基極驅動源電壓。

當電晶體Q_2導通且Q_1在截止狀態，則電源電壓V_{dd}會經由電阻R向電容C充電。當Q_1再度導通時，此時儲存於電容C之能量會提供至繞組N_d，此時在Q_2的基極上就會產生非常陡峭的負電壓，也就是說會有反向基極驅動關閉電流I_{b2}產生，並迅速地將電晶體Q_2關閉。而電容器C所提供用來關閉電晶體Q_2之能量可以由下式來表示

$$W = \tfrac{1}{2}C(V_{dd} - 1)^2 \tag{4-14}$$

且

$$C \approx \frac{2(I_d)t_f}{V_{dd} - 1} \tag{4-15}$$

在此t_f為電晶體之下降時間。

而任何在電容器C所保持之電壓，可用來再度建立磁化電流I_d，此週期則可週而復始下去。

至於二極體D則可用來箝制任何欠阻尼振鈴(underdamped ringing)之產生，以避免在變壓器繞組N_d之上端有負的電壓產生。

在圖4-11所示之電路是將先前之電路改良而得，如此在高頻之應用上會更實際些。在這個電路中，由電晶體Q_3以及周邊元件所組成之電路可做為電容器C快速放電之用。

在Q_2導通且Q_1截止期間裡，流經電阻R之電流，此時會比原來多乘以電晶體Q_3之增益β；如此可以大大減少電容器C之充電時間。當電晶體Q_1導通時，二極體D_2可用來提供電容器C之放電路徑。

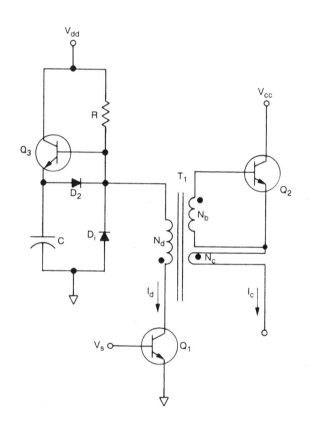

圖4-11 改良的比例式基極驅動電路

一般在設計此電路時，都會將變壓器之操作點設定接近飽和情況，也就是$B_{max} \leq B_{sat}$。

驅動變壓器之圈數比可以由(4-12)式與(4-13)式來獲得。至於驅動變壓器初級側繞組N_d可以由下式求得

$$N_d = \frac{V_{dd}(10^8)}{2f(B_{max})A_c}$$

(4-16)

在此A_c為鐵心之面積，單位為cm²。

當變壓器之圈數計算出來之後，則利用下式可以計算出鐵心之磁路長度為

$$l_i = \frac{H}{N_d I_d}$$

(4-17)

在此H為鐵心之矯磁力(coercive force)，此值則相對於所選取之B_{max}值。

如果所選取鐵心的真正磁路長度l_i會小於所計算之磁路長度，則鐵心就會產生飽和情況，如此就無法儲存足夠之能量來提供基極驅動所需之電流。所以，可以使用較大之鐵心或是在鐵心中加入很小的空氣間隙l_g，其方程式為：

$$l_g = \frac{l_e - l_i}{\mu_a}$$

(4-18)

在此 $\mu_a = B/H$為鐵心之導磁率(permeability)，l_i為鐵心之磁路長度，而l_e則為有效的磁路長度。

4-6-4　反飽和電路用於基極驅動(Antisaturation Circuits Used in Base Drives)

在4-5節中我們討論使用二種方法，來使得功率轉換器的轉換電晶體不會達到飽和狀態，如此可減少電晶體的儲存時間，並予以忽略。這些反飽和電路可以與先前討論的基極驅動電路互相結合，可獲致更好的效果，圖4-12的電路就是一個典型的應用，我們結合了Baker制止電路與基本的基極驅動電路來使用，其它的基極驅動電路，亦可

與其連接使用，當然如果使用的轉換電晶體爲達靈頓電晶體，因爲本
身具有反飽和特性，所以就不需使用反飽和二極體了。

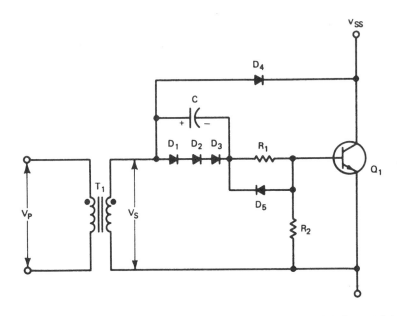

圖 4-12 示於圖4-6的基極驅動電路，重新示於此的反飽和二極體可用來減少Q_1電
晶體的儲存時間以避免處於飽和狀態

4-7 雙極性電晶體二次崩潰的考慮(BIPO-LAR TRANSISTOR SECONDARY BREAKDOWN CONSIDERATIONS)

4-7-1 順向偏壓的二次崩潰(Forward-Bias Secondary Breakdown)

由我們討論所知，功率轉換器的轉換電晶體，在其ON與OFF期
間，需承受很大的應力(stress)，爲了能設計可靠的，無缺點的電路，

從事設計的工程師們，必須要能清楚瞭解到，雙極性電晶體在順向偏壓與逆向偏壓狀態下，其特性如何。

　　首當其衝的是，當電晶體在順向偏壓時，要防止轉換電晶體ON時的二次崩潰(sceondary breakdown)，一般製造商都會提供電晶體的安全操作區域(safe-operating area SOA)的曲線規格，如圖4-13就是一個典型的SOA曲線。此曲線乃集極電流對集極-射極電壓，所獲致的結果，其曲線軌跡所代表的意義就是電晶體所能操作範圍的最大極限，因此，在電晶體ON期間，負載線若落於脈波的順向偏壓SOA曲線內，則電晶體就能安全地工作，不會超過熱效應的極限與SOA的導通(ON)時間。

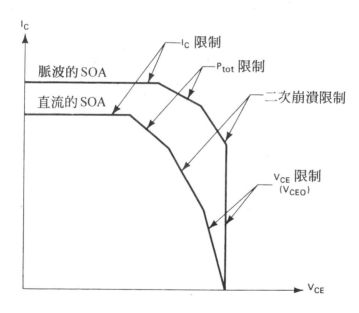

圖4-13　雙極性功率電晶體的直流與脈波SOA曲線

　　順向偏壓二次崩潰的現象，乃由於過熱點(hot spots)散亂地到處產生，超過了功率電晶體的工作區域而引起，也是由於在高壓應力下，不相等的導通電流所引起。因為電晶體的基極-射極接頭處的溫度係數是負的，因此，過熱點會增加局部電流(local current)產生，電流愈多也就是會產生更多的功率，換句話說，過熱點的溫度就會愈來愈高，由於集極-射極崩潰電壓的溫度係數也是負的，所以亦會有相同的結果產生。因此，如果我們不將電壓應力移去，並終止電流的產生，則集極-射極接頭會崩潰，而且也由於熱跑脫現象，使得電晶體會受損壞。

最近國際半導體公司已發展研究出可以避免順向崩潰的方法，此法乃是電晶體在製造時使用修正的射極穩流技術來完成，由此技術所製造出來的元件，能夠操作在最大額定功率準位與集極電壓下，不需擔心二次崩潰的現象，在圖4-14所示，為整個單石元件的結構圖。

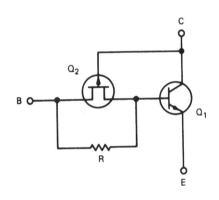

圖4-14　在 Q_1 基極上串聯 JFET 可用
　　　　來防止雙極性功率電晶體
　　　　的二次崩潰。JFET 的作用
　　　　就類似於穩流電阻器

此方法就是將接面場效電晶體(junction field-effect transistor JFET)與功率電晶體的基極串聯，JFET的動作就如基極穩流電阻器，其電阻值的變化爲集極-基極電壓的函數，我們在JFET射極上串聯了一個電阻器，因此，此方法不同於標準的射極穩流技術。在忽視集極電壓下，基極穩流也保持恒定的功率消耗，當JFET夾止(pinch OFF)時，電阻器R就取而代之了。

4-7-2　逆向偏壓的二次崩潰
(Reverse-Bias Secondary Breakdown)

我們曾在前面提過，在轉換應用上的功率電晶體，其儲存時間與轉換損失這二個參數值非常重要，因此工程師在設計上就必須謹慎來處理。如果儲存時間不能減少至最低值，變壓器就會有飽和情況發生，而且轉換器的穩壓率的範圍就被限制了。

另外轉換損失也必須予以控制，否則整個系統的效率會大受影響，在圖4-15中所示爲高壓功率電晶體在電阻性與電感性負載下，其turn-OFF時的特性曲線。查此曲線，我們可得知，電感性負載會較電阻性負載，在電晶體OFF時，產生更多更高的峰值能量，在這些情況下，如果超過了逆向偏壓安全操作區的範圍(RBSOA)，則就可能產生二次崩潰的現象。

在早期電晶體文獻中，測定逆向偏壓二次崩潰的方法是使用非定位電感性負載來測試電晶體，逆向偏壓二次崩潰的能量E_{SB}，可由下式求得

$$E_{SB} = \tfrac{1}{2} L_{\text{eff}} I_C^2 \tag{4-19}$$

在此

$$L_{\text{eff}} = \frac{V_{CEX}}{V_{CEX} - V_{CC}} L \tag{4-20}$$

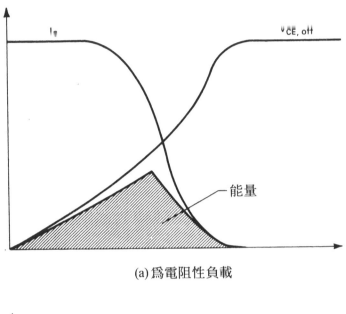

(a)為電阻性負載

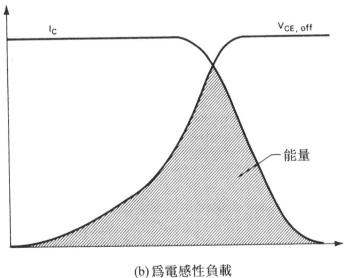

(b)為電感性負載

圖 4-15　高壓功率電晶體的turn-OFF特性曲線，斜線陰影部份的面積表示能量的轉換損失

計算求得的 E_{SB} 值,其單位爲焦耳,但是,由於以開路基極來 turn-OFF 或是以非常高的基極阻抗,來真正測試電晶體,則 E_{SB} 值範圍,可從毫焦耳(millijoules)變化至焦耳(joules)。若基於事實上的考慮,電晶體操作於崩潰電壓 V_{CEX} 附近時,則對目前電晶體規格來說,E_{SB} 的參數值乃相對地無效。

可選擇 RBSOA 額定系統,經由功率電晶體製造廠商已發展出來,其使用定位的電感性集極負載,如圖4-16所示的曲線,它與順向偏壓的 SOA 曲線有些類似,由 RBSOA 曲線得知,當電壓低於 V_{CEO} 值,會操作在安全區域,而與逆向偏壓 V_{EB} 值無關,僅受限於電晶體的集極

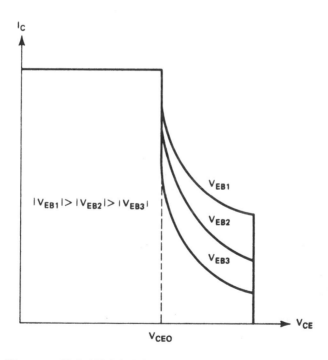

圖4-16 逆向偏壓安全操作區(RBSOA),以高壓轉換
電晶體的逆向偏壓電壓 V_{EB} 爲函數所得出的圖
形

電流I_C，若超過了V_{CEO}值時，此時集極電流值必須予以減少，其值依所供給的逆向偏壓而定。

顯而易見的，逆向偏壓V_{EB}值的重要性，與其在RBSOA上的效果，另一重要之點乃是要避免，電晶體OFF時，基極-射極接頭處的累增崩潰，在此情況下，電晶體OFF時的轉換時間可以被減少。基極與射極接頭處的累增崩潰，在任何情況下，我們都不考慮其關連性，因此，一般設計者爲了保護轉換電晶體，都使用制止二極體或是箝制電路，來避免此種情況。

4-8 交換式電晶體保護電路：RC箝制電路 (SWITCHING TRANSISTOR PROTEC-TIVE NETWORKS: RC SNUBBERS)

由前節的討論，我們可清楚地得知，轉換週期的最臨界部份是發生在電晶體OFF之時，至於我們曾提過使用基極驅動的方法，是用來增加逆向基極電流I_{B2}，來使得電晶體的儲存時間可以被減少。不幸的是，在此情況下基極-射極接頭可能會有累增崩潰產生而損壞了電晶體。我們可用以下二種方法來避免此種情況發生：(1)在低的集極-射極電壓V_{CE}下，將電晶體OFF，(2)在升高集極電壓下減少集極電流值。

當我們所設計的電源供給器是屬於轉換型式時，此時使用第二種解決方法會來得較實際些，圖4-17所示，就是達成此目的電路，我們在電晶體上使用了RC箝制電路，使得電晶體 OFF時，集極電流能逸出轉向，此電路工作原理如下：當Q_1電晶體OFF時，電容器C經由二極體D_1充電，其值爲$(V_{CC}-V_D)$，當Q_1電晶體ON時，電容經由電阻器R

的路徑放電，有一點非常重要的是，箝制電路會消耗一些功率，而減少了轉換電晶體的功率消耗，若沒有使用箝制電路，則這功率都會消耗在電晶體上。

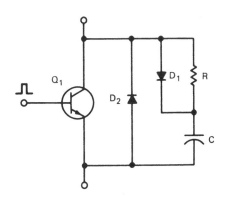

圖**4-17** 　在雙極性轉換電晶體上的turn-OFF
　　　　 電流箝制電路。二極體D_2為漏電感
　　　　 轉換二極體

　　以下的設計與分析過程，乃基於實際經驗的結果，在實際電路設計上，這些公式能夠有效成功地計算求出箝制電路之值，在圖4-15(b)中，電晶體OFF時，其能量可寫為

$$E = \frac{CV_{CE}^2}{2} = \frac{I_C V_{CE}(t_r + t_f)}{2} \tag{4-21}$$

在此 　　I_c：最大集極電流，A

　　　　V_{CE}：最大集極-射極電壓，V

　　　　t_r：最大集極電壓上升時間，μs

　　　　t_f：最大集極電流下降時間，μs

解(4-21)式，我們可求得電容之值C

$$C = \frac{I_C(t_r + t_f)}{V_{CE}} \tag{4-22}$$

　　如前面所說的電容器C在電晶體OFF時充電，在電晶體ON時(t_{ON})，經由電阻器R放電，則在電容器上的電壓可寫為

$$V_C = V_{CE} \exp - (t_{on}/RC) \tag{4-23}$$

為了保證電容器在電晶體OFF之前充滿電荷，其值趨近於V_{CE}，我們必須選擇RC值，如此exp-(t_{ON}/RC)表示式，將會趨於1，在同一理由下，我們亦須選擇RC值，使得在t_{ON}時，電容器能被放電。

　　由基本電路理論我們可以得知，若要電容器經由電阻器完全放電，則需要五倍的時間常數(5τ；$\tau = RC$)，假設在三倍時間常數之後，電容器就能完全放電，則我們可導出最大放電之電阻值：

$$R = \frac{t_{on}}{3C} \tag{4-24}$$

由(4-24)式所計算求得的電阻R，我們必須檢查出在ON時，流經電晶體的電容器放電電流，並由以下公式，限制它至$0.25I_c$值範圍：

$$I_{dis} = \frac{V_{CE}}{R} \tag{4-25}$$

如果電阻值太低，而且$I_{dis} > 0.25I_c$的話，則我們必須重新選擇R值，直到滿足上面所說的條件。

　　最後我們要來計算最大電阻的功率額定值，其公式為

$$P_R = \tfrac{1}{2}CV_{CE}^2 f \tag{4-26}$$

在此，f為轉換器的工作頻率(kHz)。

　　以下我們就舉個例題來說明驗證上面的公式。

例題 4-1

假設轉換電晶體使用在半橋式轉換器時，其 $V_{CE} = 200\text{V}$，$t_f = 2\,\mu\text{s}$，$t_r = 0.5\,\mu\text{s}$，轉換器工作於 20kHz 的頻率下，而且電晶體集極電流 $I_C = 2\text{A}$，試計算箝制電路的電阻值 R 與電容器值 C。

解：由 (4-22) 式可得

$$C = \frac{I_C(t_r + t_f)}{V_{CE}} = \frac{2(0.5 + 2) \times 10^{-6}}{200} = 0.025\,\mu\text{F} = 25\,\text{nF}$$

我們取 C 值為 22nF，假設 t_{ON} 為整個時間週期的 40%，則

$$t_{on} = \frac{0.4 \times 10^{-3}}{20} = 0.02 \times 10^{-3} = 20\,\mu\text{s}$$

利用 (4-24) 式可得

$$R = \frac{20 \times 10^{-6}}{3(0.22) \times 10^{-6}} = 303\,\Omega$$

我們取 R 值為 300Ω。檢查放電電流可得

$$I_{dis} = \frac{200}{300} = 0.67\,\text{A}$$

此值會大於 $0.25 I_C$，因此必須重新計算 R 值

$$R = \frac{V_{CE}}{0.25 I_C} = \frac{200}{(0.25)(2)} = 400\,\Omega$$

取電阻 $R = 430\,\Omega$

最後計算電阻的功率頻定值為

$$P_R = \frac{(0.025 \times 10^{-6})(200^2)(2 \times 10^3)}{2} = 1\,\text{W}$$

4-9 功率型MOSFET的開關作用(THE POWER MOSFET USED AS A SWITCH)

4-9-1 概論(Introduction)

雖然場效電晶體(field-effect transistor FET)應用於電路設計上已有許多年了,而近年來功率型金屬氧化半導體場效電晶體(metal-oxid-semiconductor field-effect transistor MOSFET),也已成功地製造出來,並在商業上大量地應用於功率電子的設計上。而此MOSFET的功能需求,更超越了其它的功率元件,工作頻率可達 20kHz 以上,一般都工作於100kHz至1MHz以上,而不需像雙極性功率電晶體有諸般經驗上的限制。

當然,如果我們設計轉換器工作於100kHz頻率下,比工作於20kHz的頻率會有更多的優點,最重要的優點就是能夠減少體積大小與重量,功率型MOSFET提供設計者一種高速度、高功率、高電壓,與高增益的元件,且幾乎沒有儲存時間,沒有熱跑脫與被抑制的崩潰特性,由於不同的製造廠商會使用不同的技術來製造功率型的FET,因此就會有不同的名稱,如HEXFET、VMOS、TMOS等,此乃成為每一公司特有的註冊商標。雖然結構上會有所改變而增強了某些功能,但是所有的MOSFETs基本的工作原理都是相同的,事實上對芋些應用上來說,使用特有型式的MOSFET有時亦會較使用其它型式來得適切引人些。

4-9-2　基本MOSFET的定義
(Basic MOSFET Definitions)

　　MOSFET的電路符號示於圖4-18中，此為N通道的MOSFET，在圖4-18中另一個為NPN雙極性電晶體，可互相參考比較其符號之不同，當然亦有P通道的MOSFET，其電符號中的箭頭方向剛好與N通道相反，在圖4-18的這二個電路符號，雙極性電晶體的集極、基極，與射極端，就相對於MOSFET的洩極、閘極與源極端。

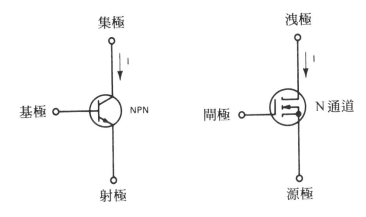

圖4-18　NPN雙極性電晶體與N通道的MOSFET符號表示

　　雖然此二者元件都稱為電晶體，可是我們必須明瞭，雙極性元件與MOSFET，在結構上與操作原理上還是有顯著的不同。最大之不同點就是MOSFET為多數載子半導體元件，而雙極性則為少數載子半導體元件。

4-9-3 MOSFET閘極驅動的考慮(Gate Drive Considerations of the MOSFET)

　　當我們使用到雙極性功率電晶體時，此元件基本上是屬於電流驅動的，也就是爲了能在集極端有電流產生，必須在基極端注入電流，此產生的集極電流正比例於雙極性電晶體的增益。

　　反之，MOSFET則爲電壓控制的(voltage-controlled)元件，也就是爲了能在洩極端有電流產生，必須在閘極與源極之間，提供額定的電壓值，由於MOSFET的閘極端與源極端之間會被氧化矽層(silicon oxide layer)作電氣上的隔離，因此，僅有微量的漏電流會由所供應的電壓源進入閘極。所以我們可以說，MOSFET具有極高的增益與極高的阻抗。

　　爲了將MOSFET導通，閘極至源極電壓脈波必須傳遞足夠的電流，在期望的時間內，將輸入電容器充電，MOSFET的輸入電容值C_{iss}乃爲金屬氧化閘極結構所形成的電容值總和，此爲閘極至洩極的電容值C_{GD}與閘極至源極的電容值C_{GS}。因此，驅動電壓源阻抗R_g，其值必須非常低，爲了達到電晶體高速之作用。

　　我們有一種方法可以大約計算驅動產生器的阻抗值與所需的驅動電流值，如下公式：

$$R_g = \frac{t_r \text{ (or } t_f)}{2.2C_{iss}} \tag{4-27}$$

且

$$I_g = C_{iss}\frac{dv}{dt} \tag{4-28}$$

在此　　　R_g：產生器阻抗，Ω

C_{iss}：MOSFET輸入電容值，pF

dv/dt：產生器的電壓變化率，V/ns

若要將MOSFET關閉(OFF)時，我們不需像雙極性電晶體一樣，使用精確的逆向電流產生電路，這是由於MOSFEET為多數載子(majority carrier)的半導體，因此只要將閘極至源極電壓移去，即可將MOSFET達至OFF狀態。在移去閘極電壓時電晶體會關閉，此時洩極與源極之間會呈現非常高的阻抗，因而除了漏電流外(幾微安培)，可抑制其它的電流產生。在圖4-19中說明了洩極電流對洩極至源極電壓之間的關係，由圖中可得知，僅當洩極至源極電壓超過其累增電壓時，洩極電流才會開始產生，而此時，閘極至源極電壓保持在零伏特之值。

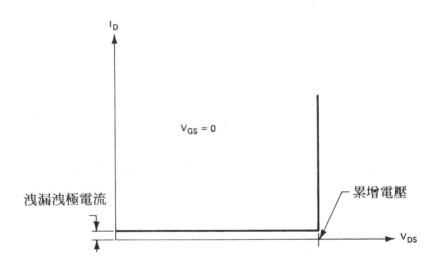

圖4-19　MOSFET的洩極至源極阻隔特性曲線。需注意的是當到達累增電壓時洩極電流會線性地增加

例題4-2

功率型MOSFET由12V直流產生器來驅動會將320V之直流電源電壓予以轉換。已知 MOSFET之$C_{GD} = 100pF$，且$C_{GS} = 500pF$，若需要在20ns之期間將MOSFET轉換至導通狀態，試求出閘極電流I_g為何？

解：由(4-28)式可得知，為了將閘極至洩極之電容C_{GD}予以充電，則需$C_{GD}(dv/dt)$之電流大小來克服米勒效應(Miller effect)。因此，

$$I_m = C_{GD}\frac{dv}{dt} = 100 \text{ pf}\left(\frac{320 \text{ V}}{20 \text{ ns}}\right) = 1.6 \text{ A}$$

MOSFET之響應幾乎是與閘極電壓同時，其導通之電壓一般是在2V至4V之間，而真正完全導通之閘極電壓則為6V至8V之間。假設在此例中MOSFET完全導通之閘極電壓為7V，則需要將閘極至源極C_{GS}充電之電流I_c為

$$I_c = C_{GS}\frac{dv}{dt} = 500 \text{ pf}\left(\frac{7 \text{ V}}{20 \text{ ns}}\right) = 0.175 \text{ A}$$

所以，要將MOSFET導通之I_g電流為

$$I_g = I_m + I_c = 1.775 \text{ A}$$

4-9-4　MOSFET靜態操作點的特性 (Sataic Operating Characteristics of the MOSFET)

在圖4-20所示為功率型MOSFET洩極至源極的操作特性曲線，讀者可將此MOSFET特性曲線與圖4-1的雙極性電晶體特性曲線作個比

較，作看之下，它們雖然有些相同，不過它們之間還是有些不同的。

　　MOSFET的輸出特性曲線有二個顯著的操作區域，稱爲"恒定電阻區"與"恒定電流區"，當洩極至源極電壓增加時，洩極電流亦會成比例地增加，直到洩極至源極電壓達到夾止(pinch OFF)電壓時，洩極電流才會保持恒定之值。

　　當功率型MOSFET被當作開關作用時，洩極端與源極端之間的電壓降會正比於洩極電流；這也就是功率型MOSFET工作於恒定電阻區(constant resistance region)，且其動作狀態基本上就像是一個電阻性元件，因此，功率型MOSFET在處於ON狀態時的電阻值$R_{DS,on}$，此值乃爲重要的參數值，乃因在所給洩極電流情況下，可決定其功率之損失大小，就如同雙極性功率電晶體$V_{CE,sat}$參數值的重要性。由圖4-20可知，當閘極至源極的電壓提供時，洩極電流並不會少許地遞增，事實

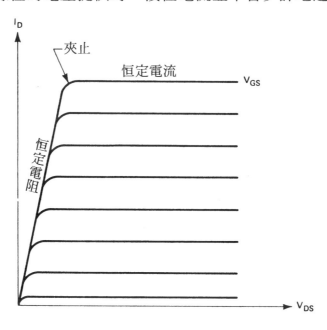

圖4-20　MOSFET的典型輸出特性曲線

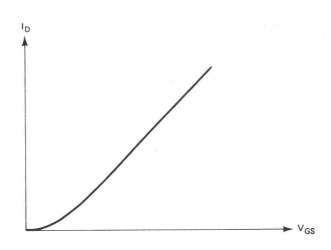

圖 4-21 功率型 MOSFET 的轉移特性曲線，圖中所示為 dI_D / dV_{GS} 的線性關係

上，洩極電流開始產生是在臨限閘極電壓(threshold gate voltage)供給以後，一般此臨限閘極電壓值是介於2V與4V之間。超過此臨限電壓後，洩極電流與閘極電壓之間的關係幾乎是相等的，如此，互導(transconductance)g_{fs}就可定義為洩極電流對閘極電壓的變化率，在較高的洩極電流值下亦保持不變。在圖4-21為I_D對V_{GS}的轉移特性曲線，在圖4-22則為互導g_{fs}與洩極電流I_D之間的關係曲線。

顯而易見的，若提高互導值將會使得電晶體增益成比例地升高，也就是會產生更大的洩極電流，但是不幸的是，此種情況將會使MOSFET的輸入電容值增大，因此，閘極驅動器必須仔細小心地設計，此乃將傳遞電流至輸入電容予以充電，為了增加MOSFET的轉換速度(switching speed)。

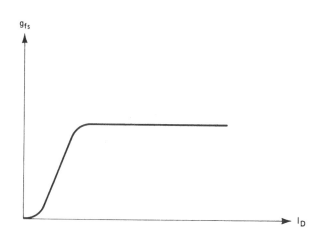

圖 4-22　曲線所示爲互導g_{fs}與洩極電流的關係。需注意的是當洩極
　　　　　電流增加時，互導是如何快速地升高至飽和狀態

4-9-5　MOSFET的安全操作區(SOA)
(MOSFET Safe Operating Area (SOA))

　　在先前所討論過的雙極性功電晶體中，我們曾提過爲了避免二次
崩潰現象的發生，元件的功率消耗必須保持在順向安全操作區的操作
極限內，如此，在高的集極電壓下，雙極式電晶體的功率消耗會被其
二次崩潰限制到非常小的滿額定功率的百分比下，甚至在非常短的轉
換週期內SOA(switching stress)，亦可避免二次崩潰。

　　相對的，MOSFET卻提供了一個非常穩定的安全操作區(SOA)，
這是因爲MOSFET在順向偏壓時，不需苦於二次崩潰所產生的效應，
因此，此直流與脈波的安全操作區(SOA)會優於雙極性電晶體的SOA
，事實上以功率型MOSFET來說，在不需箝制電路情況，在額定的電
壓下就能轉換作用至額定的電流，當然在實際電路設計期間，需能做

適切的取捨，方爲明智之舉，在圖4-23中，我們可以比較出MOSFET
與雙極性電晶體的 SOA的許容能力。

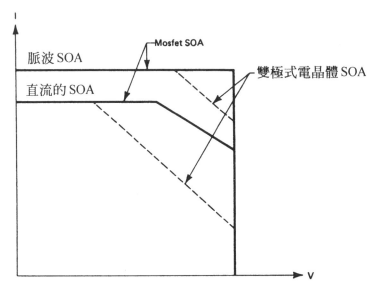

圖 4-23　　MOSFET功率電晶體的直流與脈波SOA曲線（實線所示）。圖中亦示有等
　　　　　效的雙極性電晶體SOA曲線。由圖中得知MOSFET元件的SOA特性曲線
　　　　　比較好

　　在逆向偏壓期間的二次崩潰也是不存在於功率型MOSFET中，所
以在雙極性電晶體 OFF期間所使用的簡單逆向偏壓方法，是不適用於
MOSFETs的，在此要將MOSFET處於 OFF狀態時，僅需將閘極電壓
轉換0V即可。

4-9-6　驅動功率型MOSFET的設計考慮
(Design Considerations for Driving the Power MOSFET)

　　此時，我們可以清楚地明瞭到設計者在做轉換器的設計時，若使

用功率型的MOSFET會比使用雙極性功率電晶體，在效果或性能上來得更好，尤其是當MOSFET操作在很高的頻率下(一般都在100kHz以上)，其最好的功能特性就會顯現出來，在做設計時應多加留心，儘量減少問題的產生，特別是有關振盪(oscillation)情況的發生，在圖4-24所示的電路為典型的MOSFET驅動電阻性負載電路，此電路工作於共源極模式(common-source mode)。

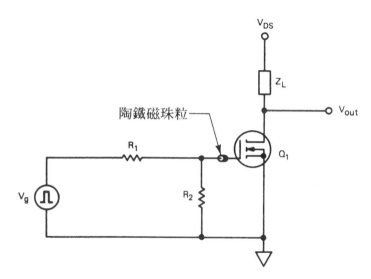

圖 4-24　典型的 MOSFET 當做開關使用，操作在共源極組態中

在此基本上有二個非常簡單的設計準則，可用來防止MOSFET應用於高頻中而產生振盪的現象。首先，要減少進入MOSFET端點的引線長度，尤其是閘極端點的引線，如果實在無法使用短的引線的話，設計者可使用陶鐵磁珠粒(ferrite bead)，或是小電阻器R_1，與MOSFET串聯來使用，如圖4-24所示，因此只要使用以上其中一種方法，將其置於MOSFET閘極附近，即可達到抑制寄生振盪(parasitic oscillation)的現象。

　　其次，因為MOSFET有極高的輸入阻抗，所以驅動源的阻抗值必須低，以避免正回授的產生，而導致振盪現象的發生，在此我們也必須注意的是，MOSFET的直流輸入阻抗是非常高的，而其動態或交流輸入阻抗值卻是隨著頻率而來改變的，因此，MOSFET的上升時間與下降時間，則依驅動產生器的阻抗而定。

　　其上升時間或下降時間可由以下的公式大約計算求出：

$$t_r \text{ or } t_f = 2.2 R_g C_{iss} \tag{4-29}$$

在此　　t_r：MOSFET的上升時間，ns

　　　　t_f：MOSFET的下降時間，ns

　　　　R_g：驅動產生器的阻抗，Ω

　　　　C_{iss}：MOSFET輸入電容值，pF

　　有一點非常重要的是，(4-29)式必須在$R_L \gg R_g$情況下才是有效的，基於此事實我們所用的MOSFET幾乎沒有儲存時間，或是延遲時間，因此，允許上升時間與下降時間由設計者來設定，圖4-24電路中的R_2電阻值的作用是幫助MOSFET達到OFF狀態。

例題4-3

　　在圖4-24電路中，MOSFET的輸入電容值$C_{iss} = 500\text{pF}$，電阻器$R_1 = 150\,\Omega$，$R_L = 2000\,\Omega$，試求出驅動波形的上升時間為多少？

解：利用(4-29)式，我們可得

$$t_r = (2.2)(150)(500 \times 10^{-12}) = 165 \text{ ns}$$

　　另外一個必須記得的重要事實是，如果閘極至源極電壓超過製造廠商的規定標準時，則閘極至源極區域之間的氧化矽層，會很容易地被打穿，而使得MOSFET遭受破壞，實際上閘極電壓的最大值可從20

V至30V，即使如果閘極電壓低於最大可容許值時，我們必須要有明智之舉，去徹底調查確定是否有因雜散電感(stray inductances)，而引起快速上升的波尖，這會使得MOSFET的氧化層遭受破壞。

4-9-7　用於驅動MOSFET的電路 (Circuits Used in Driving the MOSFET)

由TTL來驅動MOSFET——雖然某些電晶體——電晶體邏輯(TTL)族的輸出可直接用來驅動MOSFET，但是還是少用為妙，這是由於到達飽和之前，電晶體會停留在線性區域很長一段時間，因此，如果以此閘來驅動，則MOSFET的性能就可能無法達到最佳點了。

因此，為了改善此轉換性能，我們必須加緩衝電路，使得電流能快速地流入或流出至閘極電容器中，此簡單的緩衝器電路乃由互補隨耦器構成，如圖4-25所示。Q_1與Q_2必須選擇具有高增益，高電流的電晶體，使能在ON與OFF期間，經由米勒效應(miller effect)傳遞所需之電流。

我們由以下公式可計算出流入每一緩衝電晶體的電流值，此時Q_1電晶體ON，Q_2電晶體OFF，此充電電流I_{charge}為

$$I_{charge} = \frac{C_{GS}V_{GS}}{t_r} \tag{4-30}$$

且　　　$C_{GS} = C_{iss} - C_{rss}$ 　　　　　　　　　　　　　(4-31)

在此　　　C_{GS}：閘極至源極電容值，pF

　　　　　C_{iss}：輸入電容值，pF

　　　　　C_{rss}：逆向轉移電容值，pF

　　　　　V_{GS}：閘極至源極電壓，V

t_r：輸入脈波上升時間，ns

如果我們假設在同時閘極至源極的電容器充電，且$t_r = t_f$，則放電電流可由下面公式求得：

$$I_{dis} = \frac{C_{rss}V_{DS}}{t_r} \tag{4-32}$$

在此，V_{DS}是洩極至源極電壓(以伏特計)。

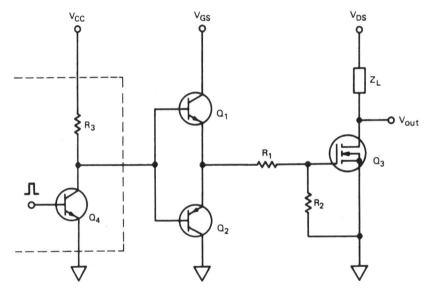

圖 4-25 射極隨耦緩衝器用於 TTL 與 MOSFET 之間用來減少轉換上升時間和下降時間。這些電晶體必須有較高的增益和較大的頻寬

為了計算每個緩衝電晶體中的功率消耗，可由下列公式求得：

$$P = V_{CE}I_C t_r f \tag{4-33}$$

在此　　V_{CE}：緩衝電晶體的飽和電壓，V

　　　　I_C：緩衝電晶體的集極電流，A

　　　　f：電晶體的轉換頻率，kHz

另外驅動MOSFET的方法，可使用特別積體緩衝器來取代分離式的電

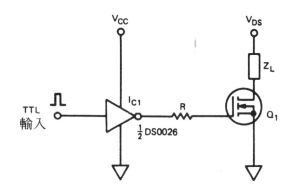

圖 4-26　高電流積體緩衝器(DS0026)可用做 TTL 界面
　　　　準位至 MOSFET，如此可改進轉換時間

晶體，如圖4-26所示，電路中的DS0026就是高電流驅動器。

　　由CMOS來驅動MOSFET——由於MOSFET具有高的輸入阻抗，
可由CMOS閘來直接驅動，如圖4-27(a)所示，由此結構產生的上升時
間與下降時間約為60ns，為了增加更快速的轉換時間，我們亦可使用

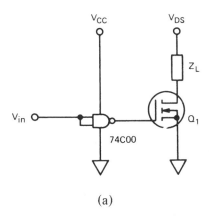

(a)

圖 4-27　電路(a)所示由 CMOS 閘來直接驅動 MOSFET。
　　　　為了改進 MOSFET 的速度可並聯一個以上的
　　　　CMOS閘，如此可提供較大的閘極電流，如
　　　　圖(b)所示

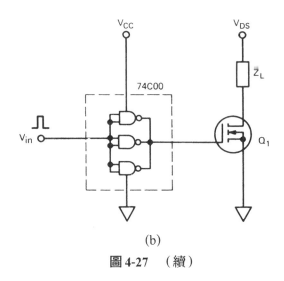

(b)

圖 4-27　（續）

射極隨耦器的緩衝器，如圖4-25所示，或是我們使用多個CMOS閘並

聯在一起，如圖4-27(b)所示，此增加了電流可用率至MOSFET的輸入

電容。

　　由線性電路來驅動MOSFET——我們亦可使用運算放大器(op-

amp)的輸出來直接驅動MOSFET，因為op-amp能提高較高的輸出電流

，然而功率型的op-amp會受限於其緩慢轉動率(slow slew rate)，此限

制了其操作頻帶寬度至25kHz以下。

　　為了改進運算放大器(op-amp)的頻帶寬度與轉動率，使其能夠有

效地去驅動MOSFET，因此，我們可使用射極隨耦器的緩衝器，其典

型的運算放大器驅動電路，如圖4-28所示。

　　其它驅動上的考慮——在先前所討論的驅動電路裏，MOSFET都

是用在共源極(common-source)結構中，然而，有時我們亦可使用共

洩極(common-drain)結構，例如，在橋式電路中即可使用。在此使用

共洩極的情況下，必須要有圖騰極(totem-pole)電路，而且在驅動上也

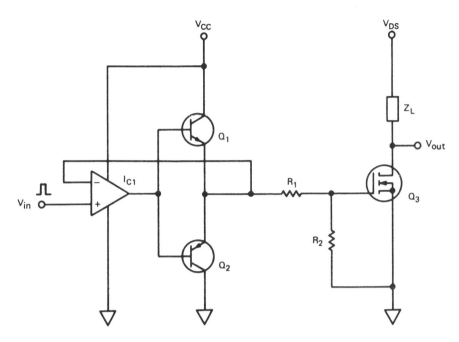

圖 4-28　單一電源 op-amp 射極隨耦器驅動電路用來驅動 MOSFET 的典型應用

變為較困難些，此困難乃起因於負載上的電壓增加，而共洩極的 MOSFET 加強電壓(enhancement voltage)就會降低。

　　由圖4-29我們可以很容易了解此電路，在此結構中，當MOSFET Q_3 導通時，則負載 Z_L 上的電壓會升至 V_2 電壓值，這就是 Q_3 的加強電壓值降低了，而且除非$V_1 > V_2$，否則 Z_L 上的電壓不會達至 V_2 值。因此，我們必須在 Q_3 的閘極上產生一電壓來大於負載上的電壓，而且此供給電壓無法獲致時，我們可使用圖4-30的靴帶式電路(bootstrap circuit)。

　　在此電路中，當Q_1與Q_3處於ON狀態時，電容器C經由二極體D充電至$(V-V_D)$電壓值，當Q_1與Q_3處於OFF狀態時，Q_2的閘極電壓會被牽引至上述的電壓值，並將Q_2導通，使負載Z_L上的電壓為$(V-V_{GS})$。當

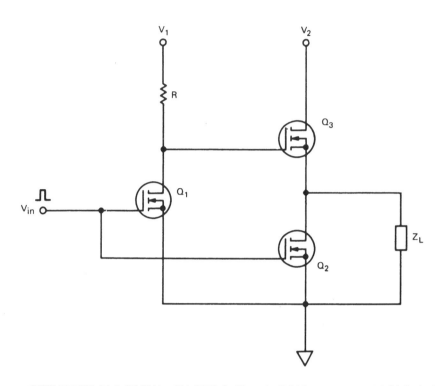

圖 4-29 圖騰極電路用來驅動接至地端的負載。在此情況 MOSFET 是操作在共洩極模式中

然，由於Q_2的輸入阻抗非常高，電容器C上能夠保持住足夠的充電電荷，而將Q_2完全導通，電容器C的值必須選得足夠大，使能維持住此充電電荷，一般最好的選擇方法是$C \geq 10C_{iss}$。

另外我們可使用其它的方法來驅動共源極的MOSFET，此為變壓器耦合驅動的方法，典型的電路如圖4-31所示，而且亦可應用於橋式電路的設計上，輸入驅動脈波V_{in}都在同相位(in phase)，電晶體配對Q_1-Q_2與Q_5-Q_6組成射極隨耦器驅動器，MOSFET Q_3經由變壓器來驅動，MOSFET Q_4由Q_5-Q_6組成的射極隨耦器來直接耦合驅動，由於變壓器T_1的初級與次級繞組極性相同(由黑色圓圈的標記符號決定)，當Q_4處

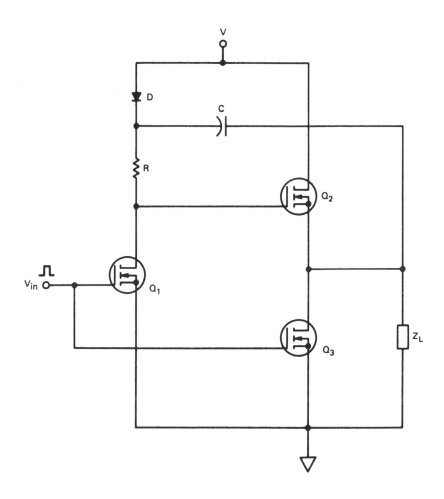

圖 **4-30**　靴帶式電路可用來改進圖騰極結構的電路，此時 MOSFET 是操作在共洩極
　　　　模式中

於 OFF 時，Q_3 則處於 ON 狀態，反之 Q_3 OFF 時，Q_4 則為 ON 狀態。電阻
R_1 與 R_3 用來抑制寄生振盪(parasitic oscillations)，電阻 R_2 與 R_4 則用來幫
助 MOSFET 達到 OFF 狀態。

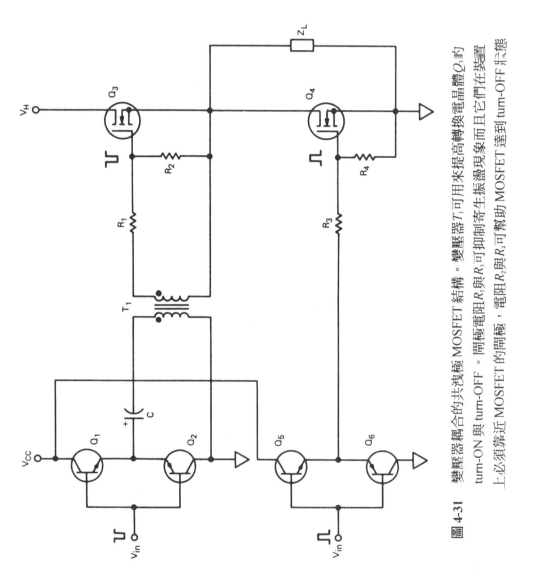

圖 4-31　變壓器耦合的共汲極 MOSFET 結構。變壓器 T_1 可用來提高轉換電晶體 Q_1 的 turn-ON 與 turn-OFF。開極電阻 R_1 與 R_3 可抑制寄生振盪現象而且它們在裝置上必須靠近 MOSFET 的開極，電阻 R_2 與 R_4 可幫助 MOSFET 達到 turn-OFF 狀態

4-9-8　功率型MOSFET開關保護電路(Power MOSFET Switch Protection Circuits)

　　我們曾提過由MOSFET SOA的特性曲線可得知，在不需用到箝制電路情況下，經由功率型MOSFET，就可能轉換至最大功率。雖然以上的陳述是事實，但是在設計上最好考慮在MOSFET開關上加裝RC箝制電路之優點。首先，RC箝制電路可以改變 MOSFET的負載線，增加其可靠度至最大值範圍，其次就是箝制電路可以消耗額外的OFF時，所產生的能量，避免消耗在MOSFET開關上。如此MOSFET的應力可被減少至最低值，而不會影響到整個開關的效率。

　　在此有一點有趣且值得注意是，當我們使用雙極性功率電晶體時，在其上需加上洩漏電感轉換二極體，來將感應的能量返回至供應電

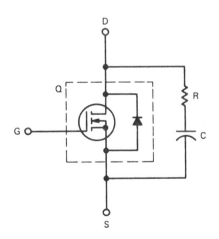

圖 4-32　功率型 MOSFET 本身含有積體轉換二極體可做為開關使用。RC箝制電路可用來使得電晶體電壓低於崩潰洩極 - 源極電壓($V_{B \cdot DS}$)

源的匯流排上，然而使用功率型MOSFET時，就不再需要此轉換二極體了，這是因為在所有MOSFET結構上，就會在通道(channel)上並聯本體洩極PN接面(body-drain PN junction)，如圖4-32所示的MOSFET開關，其中積體的本體洩極二極體是包含在原結構上，而RC箝制電路則為外加的保護電路。

雖然MOSFET的暫態時間較雙極性電晶體要短，而在4-8節用來計算雙極性電晶體 R 與 C 值的公式，亦可適用於功率型的MOSFET上。

4-10 GTO開關(THE GATE TURN-OFF (GTO) SWITCH)

在交換電路中，GTO半導體開關已經漸漸受到歡迎，尤其是在歐洲一些可以直接操作的裝置設備上都有採用此種半導體。GTO會優於雙極性電晶體之好處為：具有較高的阻隔電壓之能力，可超過1500V，而且具有較高的過電流能力。亦具有較低之閘極推動電流，以及快速、有效的turn-off能力，同時更具有傑出之靜態與動態的dv / dt能力。

在圖4-33所示，就是GTO開關的符號表示，以及由兩個電晶體所組成之等效電路，而這兩個電晶體所組成之電路可以用來表示說明GTO是如何地工作。當在G端有正的驅動信號提供時，電晶體Q_2會導通，此時會使得Q_1電晶體之基極變成在低電位狀態，而如此則Q_1會處於導通狀態，Q_1的集極電流就會流至Q_2的基極，使得Q_2繼續導通，此種狀況則會繼續重複下去；也就是說，電晶體增益之和若超過單位增益，則GTO將會閂鎖在導通狀態。與一般閘流體不太一樣，GTO若要關閉，僅需提供負的閘極驅動信號即可。由於GTO是採用雙注入的製程，所以，當GTO導通時，即使在高電流情況下，亦比雙極性電晶體具有更低之飽和電壓。

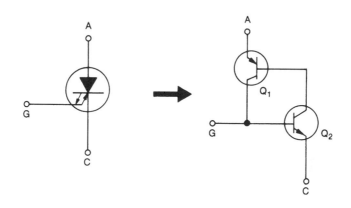

圖4-33　GTO之號表示與其雙電晶體之等效電路

4-10-1　GTO閘極驅動需求
(Gate Drive Requirements of the GTO)

GTO與雙極性電晶體不一樣的地方是在相容的應用中，可以用極低的閘極驅動來導通 GTO。因此，對GTO而言閘極驅動變得非常簡單，在圖4-34所示就是基本的閘極驅動電路。

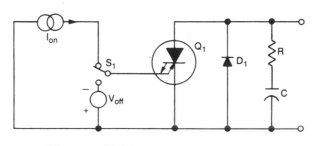

圖4-34　基本的GTO驅動電路

只要提供正閘極電流就可以將GTO導通，若閘極-陰極之電壓為負則可將GTO關閉。在圖4-35所示就是一個實際的GTO閘極驅動電路。在此電路中當電晶體Q_2在OFF狀態時，射極隨耦電晶體Q_1其動作就有如電流源，此時電流會經由12V之稽納二極體Z_1與電容器C_1，提供至GTO之閘極。而當Q_2基極之控制電壓變為正電位時，電晶體Q_2此時就會導通，而由於Q_1電晶體的基極電位會比射極電位低，所以Q_1會在截止狀態。此時，電容器C_1正端就會接至地端，因此，C_1就像是一個電壓源，其電壓大約10V，故GTO會在關閉狀態。

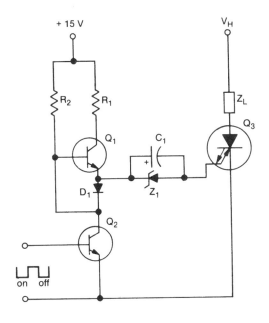

圖 4-35　實際的 GTO 閘極驅動電路

當然若要設計製作隔離型的GTO閘極驅動電路也是很容易可以達成的。

第五章

高頻率的功率變壓器 (THE HIGH-FREQUENCY POWER TRANSFORMER)

5-0 概論(INTRODUCTION)

很多科學家認爲磁性元件的設計是一種"高深的技術"，其實這乃是一種嚴重的錯誤觀念。磁性元件的設計乃爲精密的科學，而且那些所有正確的基本電磁定律，乃由以前的科學家們所研究發展出來，如Maxwell， Ampere，Oersted，與Gauss等人。

本章主要的目的就是介紹基本的磁學定律，而且爲了實際的電磁元件設計，如線圈與變壓器，我們將以簡單的，合邏輯的，有條理的方式來深入淺出介紹磁性與電性之間存在的關係。

5-1 電磁的原理(PRINCIPLES OF ELECTROMAGNETISM)

考慮如圖5-1所示的簡單電路，此由電壓源V，開關S與負載L，組成一個空氣線圈(air coil)的電路，如果在某些情況下，開關S被關閉(

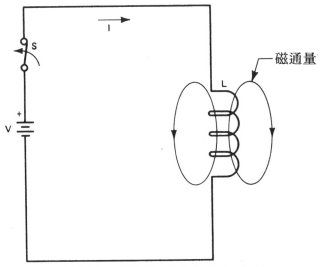

圖5-1 流經空氣線圈的電流I會有磁通量的產生

closed)，則會有電流*I*產生經由線上流至負載，當電流通過線圈時，就會有磁場被建立起來，如圖中所示，連接於線圈之間所產生的磁場，此乃稱之爲磁通量(flux)，而磁場中的磁力線可稱之爲磁通鏈(flux linkages)。

　　然而，在此線圈中的磁通量並不會很大，如果我們在線圈中加入磁性材料(鐵磁材料)棒，則會有額外的磁場被感應產生，因此，也就會有更多的磁通量被產生，如圖5-2所示。而磁通鏈將延著磁棒前進，並經由空氣傳導路徑形成一迴路，如果鐵磁鐵心(ferromagnetic core)以此種方式構成並取代了磁棒，則磁通就會呈現一連續的路徑，且磁場將形成於鐵心之內，因此所感應的磁場就會較強大，如圖5-3所示。

　　在磁場上某一點所測量的磁通聚集程度，我們稱之爲磁通量密度(magnetic flux density)或是磁感應(magnetic induction)，以符合*B*來表示。在本書中磁通量密度*B*的單位，我們以cgs系統(centimeter-gram-second system)來表示，其單位爲高斯(gauss)G。另外一方面，由磁化

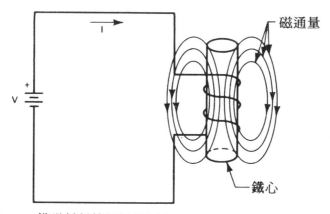

圖 5-2　鐵磁材料棒置於線圈之內會產生較多且較強的磁通量

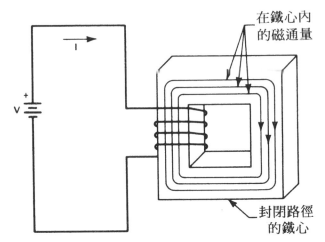

圖 5-3　連續的鐵磁性鐵心會限制所有磁通量於鐵心內並有很強的磁場產生

力所產生的磁通量稱之爲磁場強度 (magnetic field strength) H，其單位爲奧斯特(oersteds)Oe。

　　磁場強度可由以下公式求出

$$H = \frac{0.4\pi NI}{l_i} \tag{5-1}$$

在此　　N：線圈的圈數

　　　　I：磁路電流

　　　　l_i：鐵心的磁路長度

另外一重要的關係，乃爲磁通量與磁化力之間的比，我們稱之爲導磁率(permeability) μ，可表示如下：

$$\mu = \frac{B}{H} \tag{5-2}$$

導磁率就是測量鐵心材料被感應力所能磁化的容易程度，空氣中的導磁率爲一常數值，在cgs系統中其值爲1。

5-2　磁滯迴路(THE HYSTERESIS LOOP)

　　每一種磁性材料都有S形狀曲線的特性，我們稱之為磁滯迴路(hysteresis loop)。此磁滯迴路曲線是畫在$B-H$的座標軸上，此乃使磁性材料遭受完全磁化與非磁化週期。在圖5-4中所示為典型的鐵磁鐵心的磁滯曲線，且在磁通量路徑上無空氣間隙，因此，如果我們從曲線a點開始，此點表示最大正磁化力，至b點磁化力為零，然後下降至C點為最大負磁化力，再至d點磁化力為零，最後返回最大正磁化力的a點，因此整個磁性週期就可獲致，此形狀為S。

　　在圖5-4中磁滯迴路所描述的某些點非常重要，它們被定義如下：

　　　　B_{max}為最大磁通量密度

　　　　H_{max}為最大磁化力

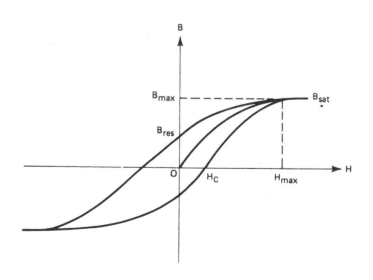

圖5-4　典型磁性鐵心的遲滯迴路(無間隙)

B_{res}為殘餘磁通量(residual magnetic flux)，此時磁化力為零

H_c為矯頑磁力(coercive force)或逆向磁化力需減少殘餘感應

至零值

顯而易見的由圖5-4的B–H曲線可得知，當磁化力到達最大值H_{max}時，其磁通量密度也到達最大值B_{max}，此時即使磁化力繼續增加，其最大磁通量密度保持不變，在此點磁感應之值，我們稱之為飽和點，寫為B_{sat}。

如果我們使用有空氣間隙的鐵心，將產生混合的磁通量路徑，而改變磁路的有效長度，由於空氣間隙的導磁率為1，則有效的磁路長度為

$$l_e = l_i + \mu_i l_g \tag{5-3}$$

在此　　l_i：材料的磁路長度

　　　　l_g：空氣間隙的磁路長度

　　　　μ_i：磁性材料的導磁率

我們應用安培的環路定律(ampere's circuital law)於有間隙的鐵心時，可證明出鐵心磁通量密度為

$$B_i = \frac{0.4\pi NI\mu_i}{l_i + \mu_i l_g} \tag{5-4}$$

(5-4)式乃為一重要的關係式，由所給的安培-圈數乘積(NI)中可得知，有空氣間隙的鐵心，其磁通量密度會小於無間隙的鐵心，換句話說，有空氣間隙的飽和磁通量密度B_{sat}會小於無空氣間隙的飽和磁通量密度B_{sat}，在磁路上若有空氣間隙存在，則磁滯迴路曲線上就會有"傾斜(tilt)"現象產生，如圖5-5所示的曲線。因此，在高磁化力的情況下，可減少鐵心飽和的可能性。

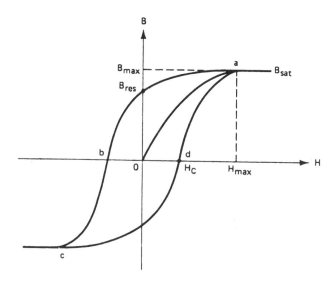

圖5-5　具有空氣間隙鐵心的遲滯迴路。需注意的是由於增加了空氣間隙的磁通量
　　　　而改變了磁迴路而且與無間隙情況比較 B_{sat} 的值會被減少

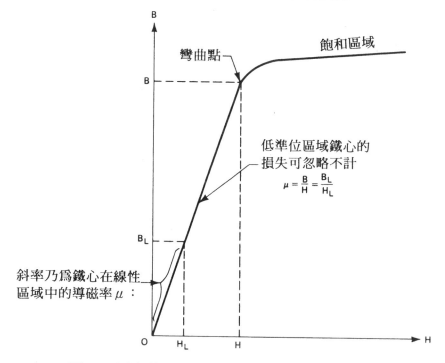

圖5-6　圖中所示為線性與飽和區域的典型磁化曲線

　　大多數的磁性鐵心製造廠商都以標準的磁化曲線，來描述其材料的$B-H$特性。如圖5-6所示，此曲線的斜率為B對H的比值，而在此曲線中"彎曲點"以下的斜率可視為一常數值，因此，激發電流(excitation current)與合成的磁通量(resultant flux)之間，在此區域存在一種線性的關係，此使得鐵心的導磁率也為一常數值。

　　在此曲線的低位準區域鐵心的損失可以忽略；如此鐵心的溫度可保持在低值範圍，在彎曲點以上部份，鐵心就進入飽和狀態，因此，對線性上的應用來說，應避免在此區域操作。

5-3　基本變壓器原理(BASIC TRANSFORMAER THEORY)

　　在前面我們曾提過電流流經封閉鐵心的線圈繞組上，將會在鐵心內感應磁通量的變化，如果此電流為週期性的，而且次級線圈也纏繞在相同的鐵心上，我們所期望的相反效果將會發生，也就是在次級繞組上會感應電壓與電流。在圖5-7中所示，就是二個繞組變壓器的最簡單形式。

　　一般變壓器的操作，其效率都非常高，不管是提高或降低輸出電壓都與圈數比成比例變化，也就是變壓器的初級圈與次級圈的電壓比與圈數比之間成正比，如下式表示

$$\frac{N_P}{N_S} = \frac{V_P}{V_S} \tag{5-5}$$

因此，變壓器可分為升壓(step-up)變壓器與降壓(step-down)變壓器，至今屬於何種型式的變壓器，全視次級電壓是否高於或低於輸入電壓

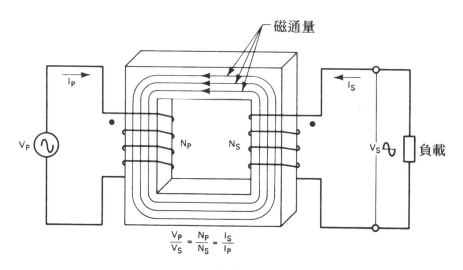

$$\frac{V_P}{V_S} = \frac{N_P}{N_S} = \frac{I_S}{I_P}$$

圖 5-7　典型的兩個繞組變壓器

而定。當然，在次級我們亦可使用多組以上的繞組，可產生較高或較低的電壓輸出，變壓器最重要且最有用的特性，就是提供**初級與次級之間電氣上的隔離**(electrical isolation)。

由基本變壓器磁性關係

$$e = NA_e \left(\frac{dB}{dt}\right) 10^{-8} \tag{5-6}$$

我們可以導出一個公式來計算磁通量密度B，此乃確使變壓器能操作在磁化曲線的線性區域部份，此公式為

$$B_{max} = \frac{(V_P)10^8}{KfN_PA_e} \tag{5-7}$$

在此　　　V_P：外加的初級電壓，V

　　　　　f：頻率，Hz

　　　　　N_P：初級圈數

A_e：有效的鐵心面積，cm^2

K：正弦波時為4.44

由於本書所討論研究的是轉換式電源供給器，因此，K值我們取用4來使用在推挽式與橋式轉換器，而K取2則使用在順向式轉換器。

一般功率變壓器的設計者，B_{max}值的選定都是任意的，只要能在$B-H$曲線的線性區域即可，最好的開始點是選$B_{max} = B_{sat}/2$。

將(5-7)式重新整理，可求出初級的圈數為

$$N_P = \frac{(V_P)10^8}{KfB_{max}A_e} \tag{5-8}$$

在選適當的鐵心(core)時，有二個以上的設計參數是非常重要的，其中之一為鐵心的繞組面積(或是捲線軸的繞組面積)，此值必須選得足夠大，才能承載適當的繞線尺寸，而將繞組損失減至最小值。另外一個則為鐵心的功率容許值，這些參數值由下面的公式可得知其關係為：

$$P_{out} = (1.16B_{max}fdA_eA_c)10^{-9} \tag{5-9}$$

在此　　P_{out}：鐵心率容許值，W

B_{max}：峰值操作的磁通量密度，G

f：頻率，Hz

d：繞線的電流密度，A/m^2

A_e：有效的鐵心面積，cm^2

A_c：捲線軸的繞組面積，cm^2

有些製造廠商使用窗型面積(window area)的W_a符號來代替A_c的符號，一般電流密度的表示單位為每安培的圓密爾 (circular mils per ampere) c.m./A，符號則以D來表示，其與繞線電流密度d的關係為

$$d = \frac{1.27 \times 10^6}{D} \tag{5-10}$$

將(5-10)式代入(5-9)式，我們可得

$$P_{\text{out}} = \frac{(1.47 f B_{\max} A_e A_c)10^{-3}}{D} \tag{5-11}$$

重新整理(5-11)式，我們可以導出一個非常有用的公式，用來計算選擇變壓器的鐵心大小，此公式為

$$A_e A_c = \frac{(0.68 P_{\text{out}} D)10^3}{f B_{\max}} \text{ cm}^4 \tag{5.12}$$

操作電流密度D的大小是由繞線製造商所提供，而且都以每安培1000圓密爾(c.m./A)做基底單位，然而在實際設上所使用的電流密度都低於此值，全依應用上與繞組的圈數而定，一般使用的電流密度值低於200c.m./A是較為安全的。

5-4　鐵心材料與幾何形狀的選擇 (CORE MATERIAL AND GEOMETRY SELECTION)

　　雖然大多數的磁性材料都能用來設計高頻的功率變壓器，陶鐵磁(ferrites)材料目前幾乎都使用它來做轉換器的設計，陶鐵磁沒有很高的操作磁通量密度——大多數陶鐵磁的B_{sat}值由3000G至5000G——不過它卻提供了在高頻率下低的鐵心損失(CORE LOSSES)，良好的繞組耦合，與組合的方便。

　　由陶鐵磁所做出來的鐵心，有許多種形狀與大小規格，而且有很

多種類的功率型陶鐵磁材料，目前製造廠商都特別朝向高頻率變壓器設計上來研究發展。在表5-1中，就是目前最受歡迎的陶鐵磁材料與製造廠商。

表 5-1　高頻功率變壓器的陶鐵磁鐵心材料

材料	製造廠商
3C8	Ferroxcube
24B	Stackpole
77	Fair-Rite Products
F, T	Magnetics, Inc.
H7C1	TDK
N27	Siemens

　　鐵心的幾合形狀用於特定的應用上，全視功率之需求而定，其中E-E、E-I、 E-C與Pot型式的鐵心是最受歡迎的形狀。由於他們的結構關係，Pot型式的鐵心非常適合應用於20W至200W的中低功率上，尤其在設計上特別吸引人的是，他們有低的洩漏磁通量，而且其固有的自身隔離(self-shielding)設計，可減少EMI至最低值。

　　若對高功率以上的設計，我們就使用E-E、E-I，與E-C形狀的鐵心，E-C 鐵心是結合了每一個形狀優點而介於 E-E 與Pot型式鐵心之間。

　　鐵心的製造廠商都會列出設計功率變壓器的所有重要參數，如果特殊的參數沒有列出來的話，我們很容易由5-3節的公式來計算出來，表5-2所列爲美國線規(american wire gauge)AWG的繞線尺寸大小與其電流密度。

表 5-2　重薄膜絕緣磁線規格

AWG	含蓋絕緣的直徑(英寸)		標稱的圓密爾面 積	電阻值/1000ft	在 1000c.m./A 的毫安培電流容量	AWG
	Min.	Max.				
8	0.130	0.133	16510	0.6281	16510	8
9	0.116	0.119	13090	0.7925	13090	9
10	0.104	0.106	10380	0.9985	10380	10
11	0.0928	0.0948	8230	1.261	8226	11
12	0.0829	0.0847	6530	1.588	6529	12
13	0.0741	0.0757	5180	2.001	5184	13
14	0.0667	0.0682	4110	2.524	4109	14
15	0.0595	0.0609	3260	3.181	3260	15
16	0.0532	0.0545	2580	4.020	2581	16
17	0.0476	0.0488	2050	5.054	2052	17
18	0.0425	0.0437	1620	6.386	1624	18
19	0.0380	0.0391	1290	8.046	1289	19
20	0.0340	0.0351	1020	10.13	1024	20
21	0.0302	0.0314	812	12.77	812.3	21
22	0.0271	0.0281	640	16.20	640.1	22
23	0.0244	0.0253	511	20.30	510.8	23
24	0.0218	0.0227	404	25.67	404	24
25	0.0195	0.0203	320	32.37	320.4	25
26	0.0174	0.0182	253	41.02	252.8	26
27	0.0157	0.0164	202	51.44	201.6	27
28	0.0141	0.0147	159	65.31	158.8	28
29	0.0127	0.0133	128	81.21	127.7	29
30	0.0113	0.0119	100	103.7	100	30
31	0.0101	0.0108	79.2	130.9	79.21	31
32	0.0091	0.0098	64	162	64	32
33	0.0081	0.0088	50.4	205.7	50.41	33
34	0.0072	0.0078	39.7	261.3	39.69	34
35	0.0064	0.0070	31.4	330.7	31.36	35

5-5　脈波寬度調變的半橋式轉換器的功率變壓器設計(DESIGN OF A POWER TRANSFORMER FOR A PULSE-WIDTH-MODULATED HALF-BRIDGE CONVERTER)

　　至於要如何來設計高頻率的功率變壓器,我們將舉例來一個步驟一個步驟詳細說明。此例題是很一般化的,只要做正確的改變對半橋式,全橋式,或推挽式脈波寬度調變(pulse-width-modulated PWM)的功率轉換器設計,將使其更為有用的。在此設計例題中所選的材料,則被選擇當做代表性的樣品,亦可選用其它的材料,只要製造廠商在資料手冊中能提供正確規定的用法即可。

例題5-1

　　試設計100W的功率變壓器,用於20kHz的半橋式電路,此PWM轉換器操作的輸入電壓為90V_{ac}至130V_{ac}與180V_{ac}至260V_{ac},輸出則為5V,20A。

　　設計過程:

步驟1：選擇鐵心的幾何形狀與陶鐵材料。在此例題的設計中,我們選擇Ferroxcube公司的Pot型式的鐵心與3C8陶鐵磁材料,使用圖3-12的電路來做設計。

步驟2：選工作的B_{max}值。我們查Ferroxcube的目錄資料可知3C8材料在100℃時,其飽和磁通量密度為B_{sat}＝3300G,由於轉換器必須工作在輸入電壓90V $_{ac}$ 至130V $_{ac}$ 與180V $_{ac}$ 至260V $_{ac}$ 情況下，因此，我們在90V $_{ac}$ 電壓下，取 B_{max} 值爲1600G，此種選擇將保證在130V $_{ac}$ 電壓下， B_{max} 值將會低於3300G，如此變壓器就不會達到飽和狀態了。

步驟 3：求最大工作初級電流。變壓器的初級圈在低輸入電壓90V $_{ac}$ 下，必須能傳導最大可能的電流，經整流後直流電壓爲 $V_{in} =$ 2(90 × 1.4) = 252V，利用(3-28)式，則初級電流爲

$$I_P = \frac{3P_{out}}{V_{in}} = \frac{3 \times 100}{252} = 1.19 \text{ A}$$

步驟 4：決定鐵心與捲線軸的尺寸大小。我們選擇工作的電流密度爲400c.m./A，利用(5-12)式，計算 $A_e A_c$ 的乘積爲

$$A_e A_c = \frac{0.68 \times 100 \times 400 \times 10^3}{20 \times 10^3 \times 1600} = 0.850 \text{ cm}^4$$

選擇鐵心的尺寸大小必須要能接近 $A_e A_c$ 的乘積值0.850cm ^{4} ，選擇2616的鐵心，其 $A_e = 0.948$ ，但是單一截面捲線軸的繞組面積 $A_c = 0.406$ 。因此， $A_e A_c$ 的乘積值爲0.384cm ^{4} ，此值與0.850cm ^{4} 比較之下太低了，所以無法適用於此種型號的鐵心。

我們再嘗試選擇另一型號的鐵心與捲線軸(bobbin)，其型號爲3019-PL00-3C8，由製造廠商的資料手冊中可得知， $A_e =$ 1.38cm ^{2} ， $A_c = 0.587$cm ^{2} ，因此 $A_e A_c = 0.810$cm ^{4} ，此值與所計算的0.850cm ^{4} 非常接近。

雖然此種型號的鐵心已經能夠處理所需的功率，但是實際上，我們最好選擇 $A_e A_c$ 的值，至少要高於所計算值的百分之五

十，此乃爲了繞線間的絕緣厚度與空氣間隙作預留之用。因此，我們選擇了Ferroxcube的3622-PL00-3C8 Pot型式的鐵心與3622FID捲線軸，由製造廠商的資料手冊可得知$A_e = 2.02$ cm^{2}與$A_c = 0.748$cm^2，則$A_e A_c = 1.5$cm^4，此值足夠滿足變壓器的設計需求。

步驟5：計算繞線尺寸與初級圈數。由於我們所選擇的繞線電流密度爲400c.m./A，因此，初級繞組所需的繞線尺寸爲1.19×400 $= 476$c.m.；由表5-2中的繞線規格表中，可查出適合的繞線尺寸爲no.23AWG。

由Ferroxcube的目錄資料中可得知，3622FID單一截面捲線軸，若使用no.23的繞線，大約需要180圈可繞滿捲線軸(bobbin)，假設初級繞組需要捲線軸繞組面積的30％來填繞，而且如果初級圈數計算所得爲60圈或是更少，則鐵心與捲線軸的選擇才是正確的。

我們再取最差的操作情況爲90V$_{ac}$，$V_{in,min} = 90 \times 1.4 - 20$V直流漣波，與整流器壓降$= 107V_{ac}$，利用(5-8)式則初級圈數可計算爲

$$N_P = \frac{107 \times 10^8}{4 \times 1600 \times 20 \times 10^3 \times 2.02} = 41.3 \text{ turns}$$

我們取N_p爲40圈，此值低於理論值60圈；因此，鐵心與捲線軸的選擇是正確無誤的。

步驟6：在$V_{in,max}$情況下檢查B_{max}值。利用所計算的圈數，我們可以計算出變壓器的最大工作的磁通量密度，在$V_{in,max} = 130 \times 1.4$ $+ 20$V直流漣波電壓$= 202$V$_{ac}$，利用(5-8)式，求B_{max}值

$$B_{\max} = \frac{202 \times 10^8}{4 \times 40 \times 20 \times 10^3 \times 2.02} = 3125 \text{ G}$$

此3125G的值會低於Ferroxcube 3C8材料的飽和磁通量密度，其額定值在25℃時，$B_{\text{sat}} \geq 4400G$，在100℃時，$B_{\text{sat}} \geq 3300$ G，如果需要較大的B_{sat}邊限值的話，則在步驟5中所取的$B_{\max}$值必須低於1600G。

步驟7：計算初級繞組所需的層數。由於表5-2得知，對雙絕緣繞線來說，no.23AWG的繞線，其最大直徑為0.025in，Ferroxcube的目錄資料中可查出捲線軸的窗型寬度為0.509in，因此，使用no.23AWG的繞線，其每層最大圈數為0.509/0.025＝20.4圈，所以初級繞組需要二層來纏繞，每層20圈。

步驟8：計算變壓器次級圈數。因為，我們使用PWM方法，所以輸出電壓是由全波中間抽頭整流器(full-wave center-tap rectifer)的結構中而得的，在最小的V_{in}電壓下，$V_s = 2V_{\text{out}}$，在此V_{out}為輸出電壓值，而係數2則為平均輸出，在其工作週期50％之處。由於在$V_{\text{in,min}}$情況下，我們需要維持輸出電壓的穩壓率。因此，次級的圈數則為

$$N_S = N_P \frac{V_S}{V_P} = 40 \frac{10}{107} = \frac{400}{107} = 3.74 \text{ 圈}$$

因此，我們取次級圈數為4圈。

步驟9：計算次級繞組的繞線尺寸與層數。我們已經提過在次級是使用全波中間抽頭整流器的結構，因此每半個次級圈的導通約為50％負載電流，也就是10A的電流，取電流密度為400 c.m./A，則每半個次級繞組我們需要400c.m./A × 10A ＝ 400 c.m.，因此需選用no.14AWG的繞線。由於集膚效應(skin ef-fects)為了減少銅損至最低值，我們可使用於每一半個繞組上，用較小線規的配對導體，或是對整個次級來說，使用每一條2000c.m.的四條繞組。

在2000c.m.下，我們可選用no.17AWG的繞線，其最大的值徑為0.049in，然而對整個次級來說，每層的圈數為0.509/4(0.049) = 2.69圈，因此次級繞組為4圈，需要二層來纏繞。

步驟10：最後檢查是否適用。由Ferroxcube的目錄資料可得知，3019 FID捲線軸窗型高度計算可得約為0.260in，由步驟7與步驟9中可得知，二個繞組的堆疊高度為2(0.025) + 2(0.049) = 0.148in，假設所使用絕緣帶厚度為0.010in，因此整個總高度約為0.160in，此值會低於有效值0.260in；所以，捲線軸將能充裕地接受所有變壓器繞組。

5-6 實際上的考慮 (PRACTICAL CONSIDERATIONS)

在實際的應用上當測試變壓器時，最好能做一些微調(fine tuning)，使能夠提高整個性能，雖然大多數的變壓器製作，都是以堆疊在另一繞組上來繞製，如圖5-8(a)所示，我們亦可使用插入繞組的方式來減少洩漏電感的效應，插入繞組的方法是先繞製一半的次級繞組，接著再繞初級繞組，最後再繞另一半的次級繞組，如圖5-8(b)所示。

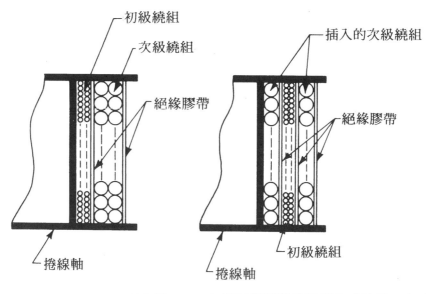

初級繞組
次級繞組
插入的次級繞組
絕緣膠帶
絕緣膠帶
捲線軸
初級繞組
捲線軸

(a)具有堆疊繞組的標準　　　　(b)相同變壓器使用插入式結構，在此
　變壓器結構　　　　　　　　　　初級圈則介於分割的次級繞組之間

圖 5-8

　　有些設計上需要在初級與次級圈之間做法拉第隔離(faraday shield
)，用來減少射頻干擾(radio frequency interference)RFI的幅射，雖然
Pot型式的鐵心能呈現出極好的隔離特性，乃因所有的繞組會被鐵心
材料所覆蓋，不管所需的是什麼，好的變壓器設計能提高電源供給器
的操作，因此在設計期間必須特別小心留意。

5-7　返馳式轉換器的變壓器——扼流圈設計 (THE FLYBACK CONVERTER'S TRANSFORMER-CHOKE DESIGN)

在第三章中所描述的是返馳式轉換器的基本操作，而且在圖3-4

中所描述的就是其基本電路與波形,在此電路中的隔離元件具有變壓器與扼流圈的雙重功用,因此,我們稱之為變壓器——扼流圈(trans-former-choke)。

在返馳式轉換器中,對變壓器——扼流圈來說有二種可能的操作模式:⑴整個能量轉移,在電晶體開關轉換至ON狀態前,所有儲存在電感器——變壓器的能量會轉移至次級圈。⑵不完全的能量轉移,在電晶體開關轉換至ON狀態前,並非所有儲存在變壓器——電感器的能量會轉移至次級圈,在圖5-9所示為此二種操作模式的波形。

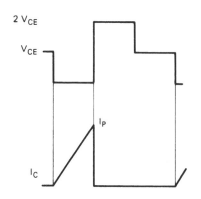

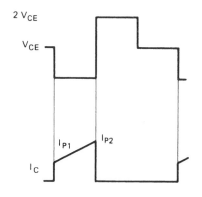

(a)此電壓與電流的波形描述返馳式　　　(b)此波形則描述不完全能量轉移
　　變壓器-扼流圈整個能量轉移的　　　　的關係
　　關係

圖5-9

在轉換電晶體的ON期間裏,整個能量轉移波形中具有較高的峰值集極電流,也就是因為相對地低的初級電感值,而使此電流值升高,所需付出代價是增加了繞組損失(winding losses)與輸入電容器漣波電流。所以,同樣地轉換電晶體必須有高電流的承載能力,方能忍受此峰值電流。

　　在一另方面，不完全的能量轉移模式中，所呈現的是較低峰值轉換電晶體集極電流，而所需付出的代價是當電晶體開關於ON狀態時，會產生較高的集極電流值，因此導致電晶體高功率的消耗，然而為了達成此模式的操作，相對地就需要較高的變壓器─扼流圈初級電感值。在變壓器鐵心中所儲存的殘餘能量則假定不完全能量轉移變壓器──扼流圈的體積會較完全能量轉移的體積為大，而所有其它的係數是相等的。

5-7-1　設計過程(Design Procedure)

　　對完全的能量轉移模式來說，以下乃為返馳式轉換器的變壓器──扼流圈的設計過程，而不完全的能量轉移模式變壓器──扼流圈其設計亦是相同的，只不過在峰值集極電流的定義會有較小的改變(圖5-9(b))，此值可寫為$(I_{P1}-I_{P2})$。

步驟 1：變壓器峰值初級電流。首先需要計算變壓器的峰值初級電流，此值會相等於電晶體峰值集極電流，由基本的電感器電壓關係可得知

$$V = L\frac{di}{dt} \tag{5-13}$$

由於在完全的能量轉移模式中，當電晶體導通時，在t_c時間裏，電流斜坡會由零值升至峰值集極電流值，輸入電壓可寫為

$$V_{in} = L_P\frac{I_{PP}}{t_C} \tag{5-14}$$

取$1/t_c=f/\delta_{max}$，則(5-14)式變為

$$V_{in,min} = \frac{L_p I_{PP} f}{\delta} \tag{5-15}$$

在此　　　V_{in}：直流輸入電壓　　V

L_P：變壓器初級電感值，mH

I_{PP}：變壓器峰值流，A

δ_{max}：最大工作週期，μs

f：轉換頻率，kHz

在完全的能量轉移模式中，輸出功率等於每一週期時間操作頻率下所儲存的能量，其為

$$P_{out} = \tfrac{1}{2} L_P I_{PP}^2 f \tag{5-16}$$

將(5-16)式除以(5-15)式可得

$$\frac{P_{out}}{V_{in,min}} = \frac{L_P I_{PP}^2 f \delta_{max}}{2 L_P I_{PP} f}$$

將上式重新整理，則可得變壓器峰值初級電流為

$$I_{PP} = I_C = \frac{2 P_{out}}{V_{in,min} \delta_{max}} \tag{5-17}$$

步驟 2：最小與最大工作週期的關係。在返馳式轉換器中，經由預定的極限值來改變電晶體開關的工作週期，而使穩壓率能被達成，我們以 δ_{min} 與 δ_{max} 來表示最小，最大的工作週期，如果轉換器輸入電壓的改變由 $V_{in,min}$ 至 $V_{in,max}$，則

$$\delta_{min} = \frac{\delta_{max}}{(1 - \delta_{max}) K + \delta_{max}} \tag{5-18}$$

在此

$$K = \frac{V_{in,max}}{V_{in,min}} \tag{5-19}$$

步驟 3：計算變壓器初級電感值。由於我們已知峰值初級電流，則變壓器扼流圈的初級電感值可計算如下：

$$L_P = \frac{V_{in,min}\delta_{max}}{I_{PP}f} \tag{5-20}$$

步驟 4：選擇最小尺寸的鐵心。由磁性鐵心的目錄資料中選取鐵心材料與幾何形狀，使其能最適合你自己的應用，如果我們僅纏繞初級繞組至捲線軸上，則繞組面積A_c與鐵心的有效面積A_e，其關係為

$$A_c A_e = \frac{(25.32 L_P I_{PP} D^2)10^8}{B_{max}} \tag{5-21}$$

在此，D為絕緣線的直徑(可使用重聚尼龍繞線)，且$B_{max} = B_{sat}/2$。

由於我們所設計是變壓器——扼流圈，因此亦需將次級繞組設計出來。假設初級繞組需要捲線軸有效繞組面積的30％方能繞滿，則剩下的70％繞組空間可保留給次級使用，這包括了周圍圓導體的空氣空間與絕緣帶。因此，在(5-21)式的右邊必須再乘上係數3，才能適用於次級，不過在經驗上為了安全理由，我們可將係數提高，所以此係數可改為4，則(5-21)式變為

$$A_c A_e = \frac{(6.33 L_P I_{PP} D^2)10^8}{B_{max}} \tag{5-22}$$

當然，(5-22)式只是首次的估算，而最後鐵心與捲線軸的選擇是可以改變。

步驟 5：計算鐵心空氣間隙長度。由於返馳式轉換器為單端式的操作

；也就是變壓器——扼流圈只剛好使用到磁通量容計值的一半，因此電流與磁通量絕不會趨於負值，此事實可出現一電位上的問題，而驅動鐵心至飽和狀態。我們有二種可能的方法來解決此問題，首先，使用較大體積的鐵心，其次，在磁通量路徑上使用空氣間隙，使磁滯迴路能較平坦些，如此在相同的直流偏壓下可降低工作的磁通量密度。一般設計者比較喜歡使用第二種解決方法，因為在製造上它能提供更小型化的變壓器。在磁通量的路徑上，空氣間隙會產生較大的磁阻，而且大多數在變壓器——扼流圈中所儲存的能量是在空氣間隙的體積 V_g 中，其長度為 l_g，則

$$\tfrac{1}{2} L_P I_{PP}^2 = (\tfrac{1}{2} B_{max} H v_g)10^8$$

在此　$v_g = A_e l_g$

而且　$$\mu_0 H = \frac{B_{max}}{0.4\pi}$$

μ_0＝空氣導磁率＝1，所以空氣間隙的長度可為

$$l_g = \frac{(0.4\pi L_P I_{PP}^2)10^8}{A_e B_{max}^2} \text{ cm} \tag{5-23}$$

如果使用的是 E-E 型式的鐵心，或是類似型式的鐵心，來製作此變壓器——扼流圈，而中心柱之處可以造成間隙，使其空氣間隙的長度為 l_g，如果我們使用取間隔的裝置(spacer)的話，則 l_g 的長度可以在鐵心的外側柱之間予以相等地分割。

步驟 6：計算變壓器的初級圈數。我們已經知道空氣間隙的長度，則變壓器——扼流圈的初級圈數可由下式計算得知

$$N_P = \frac{(L_P I_{PP})10^8}{A_e B_{\max}} \tag{5-24}$$

我們亦可使用下面等效的公式來計算初級圈數：

$$N_P = \frac{B_{\max} l_g}{0.4\pi I_{PP}} \tag{5-25}$$

不管是(5-24)式或是(5-25)式，都會獲得相同的結果。

步驟 7：計算次級圈數。當輸入電壓(初級電壓)在最小值，工作係數在最大值時，則次級電壓V_s必須被計算求出，我們所需注意的是$V_{\text{in,min}} = 1.4\,V_{\text{in,ac}} - 20\text{V}$直流漣波與二極體的壓降。

考慮輸出整流二極體壓降，則額定次級繞組的輸出電壓可寫為

$$V_{\text{out}} + V_D = V_{\text{in,min}} \frac{\delta_{\max}}{1 - \delta_{\max}} \frac{N_S}{N_P}$$

所以

$$N_S = \frac{N_P(V_P + V_D)(1 - \delta_{\max})}{V_{\text{in,min}}\delta_{\max}} \tag{5-26}$$

例題 5-2

設計100W的功率變壓器，且為完全的能量轉移返馳式轉換器(見圖3-4)，輸出為5V$_{\text{dc}}$，20A，且操作的輸入電壓範圍為90V至130V_{ac}。

設計過程：

步驟 1：計算峰值初級電流。假設轉換器的最大工作週期係數為$\delta_{\max} = 0.45$，由於最小的輸入交流電壓為90V，因此，$V_{\text{in,min}} = 90 \times 1.4 - 20\text{V}$直流漣波與二極體降$= 107\text{V}_{dc}$，利用(5-17)式，則可得峰值初級電流為

$$I_{PP} = \frac{2P_{\text{out}}}{V_{\text{in,min}}\delta_{\max}} = \frac{2 \times 100}{107 \times 0.45} = 4.15 \text{ A}$$

因此轉換電晶體的ON時，要能忍受此峰值集極電流，方能適用於此設計。

步驟2：求最小的工作週期$\delta_{\min}$。經整流後，最大直流輸入電壓為$V_{\text{in,max}} = 130V_{ac} \times 1.4 - 0V$直流漣波$= 182V_{dc}$，若允許10％的邊限，則$V_{\text{in,max}} = 200V_{dc}$，若$V_{\text{in,min}}$電壓也允許7％的邊限，則$V_{\text{in,min}} = 100V_{dc}$，則輸入電壓比$K$為

$$K = \frac{V_{\text{in,max}}}{V_{\text{in,min}}} = \frac{200}{100} = 2$$

利用(5-18)式

$$\delta_{\min} = \frac{\delta_{\max}}{(1 - \delta_{\max})K + \delta_{\max}} = \frac{0.45}{(1 - 0.45)2 + 0.45} = 0.29$$

所以此轉換器會操作於$0.29 < \delta < 0.45$的工作週期裏，而且輸入電壓的範圍為$200V_{dc} > V_{\text{in}} > 100V_{dc}$

步驟3：計算變壓器初級電感值。利用(5-20)式可得

$$L_P = \frac{V_{\text{in,min}}\delta_{\max}}{I_{PP}f} = \frac{100 \times 0.45}{4.15 \times 20 \times 10^3} = 0.54 \times 10^{-3} \text{ H}$$

因此　　　　　　　$L_P = 540\,\mu H$

步驟4：選擇鐵心與捲線軸尺寸大小。假設我們選的繞組繞線電流密度值為400c.m./A，則

　400 c.m./A $\times$ 4.15 A $= 1550$ c.m.

由表5-2得知，AWG no.18的1660c.m.值近似於上面所求出的值，其直徑為0.044in。

我們選擇Ferroxcube 3C8的材料，E-C型式的鐵心，3C8陶鐵材料在100℃時，$B_{sat} = 3300G$，在此設計上取$B_{max} = B_{sat}/2 = 3300/2 = 1650G$，所以

$$\Lambda_c \Lambda_e = \frac{(25.32 L_P I_{PP} D^2)10^8}{B_{max}}$$

$$= \frac{25.32 \times 540 \times 10^6 \times 4.15 \times 0.044^2 \times 10^8}{1650} = 6.7 \text{ cm}^4$$

由 Ferroxcube 的目錄資料可查出 EC70-3C8 的鐵心與 70PTB 捲線軸，其$A_e A_c$值為

$$A_e A_c = 2.79 \times 4.77 = 13.3 \text{ cm}^4$$

此值較我們所計算出來之值大出許多，但是在其目錄資料中，也僅有此E-C型式的鐵心適用且滿足於$A_c A_e \geq 6.7 \text{cm}^4$，因此，在此設計上我們選用此鐵心——捲線軸的組合來使用。

步驟 5：計算空氣間隙長度l_g。為了能夠使用無間隙的鐵心，則在目錄資料中所列的有效鐵心體積v_e，必須要等於或大於理論值v_e

$$v_e = \frac{(0.4\pi)10^8(L_P I_P^2)}{B_{max}H}$$

由於我們選擇$B_{max} = 1650G$(在100℃)，且由Ferroxcube目錄資料可查出3C8材料的磁化曲線，我們可得出$H = 0.4Oe$，因此

$$v_{e,min} = \frac{0.4 \times 3.14 \times 10^8 \times 0.54 \times 10^{-3} \times 4.15^2}{1650 \times 0.5} = 1415 \text{ cm}^3$$

由此計算所得之有效無間隙鐵心的體積乃需要相當大的鐵心

尺寸，而 EC70-3C8 的有效的鐵心體積僅為 18.8cm^3，因此，為了能夠使用 EC70-3C8 鐵心，必須分割-間隙長度 l_g，由(5-23)式可得

$$l_g = \frac{(0.4\pi L_P I_{PP}^2)10^8}{A_e B_{\max}^2} = \frac{11.66 \times 10^5}{75.96 \times 10^5} = 0.15 \text{ cm}$$

我們可以在E-C鐵心的中心柱之處分割0.15cm的間隙或是使用取間隔的裝置(spacer)在鐵心外側柱之間取0.075cm的間隙亦可，這些都能達到相同的間隙效果。

步驟6：計算變壓器的初級圈數。現在所有的參數都已知道了，我們可以計算初級圈數來達至所期望的電感值，由(5-24)式可得

$$N_P = \frac{B_{\max} l_g}{0.4\pi I_{PP}} = \frac{1650 \times 0.15}{0.4 \times 3.14 \times 4.15} = 47.48 \text{ 圈}$$

因此，初級圈數我們取48圈，利用(5-28)式亦可計算初級圈數

$$N_P = \frac{(L_P I_{PP})10^8}{A_e B_{\max}} = \frac{0.54 \times 10^{-3} \times 4.15 \times 10^8}{2.79 \times 1650} = 47.68 \text{ 圈}$$

因此，此二公式可得相同之結果。

步驟7：計算變壓器的次級圈數，利用(5-26)式，我們可得

$$N_S = \frac{N_P(V_{\text{out}} + V_D)(1 - \delta_{\max})}{V_{\text{in,min}} \delta_{\max}} = \frac{48(5 + 1)(1 - 0.45)}{100 \times 0.45}$$

$$= 3.52 \text{ 圈}$$

由於在印刷電路導體上與輸出繞組銅導體上會有少許的電壓降，不過在上面的公式計算中，我們不予以考慮，次級圈數我們可以取 $N_S = 4$ 圈。

在返馳式轉換器中，輸出電壓需有單一的繞組，一個二極體

與一個電容器，如圖3-4所示。爲了在400c.m./A電流密度下傳遞20A的輸出電流，則需要20×400＝8000c.m.的繞線，由於集膚效應必須減少損失至最低值，可用每條2000c.m.的四條繞線並聯使用，而AWG no.17的繞線即可適用。

我們所選的捲線軸應該沒什麼問題，能適合所有繞組與絕緣，這是因爲$A_e A_c$的乘積值較所計算之值大2倍左右。

5-8　一般高頻變壓器的考慮(SOME GENERAL HIGH-FREQUENCY TRANSFORMER CONSIDERATIONS)

在前面所討論的內容是有關具有一定型式轉換器，其隔離變壓器的實際與基本的設計公式在基本上還是有效的，而且也適合去解決許多磁性上的應用，不管是變壓器，扼流圈，還是此二種的組合。

一般磁性元件用於轉換式電源供給器的結構中時，必須遵行一定國家的或是國際上安全標準，如此，對北美國家來說，UL(underwriter laboratories)爲北美合眾國的標準規格，而且CSA(canadian standards association)則爲加拿大的標準規格，至於歐洲所用的則爲西德的 VDE(verband deutscher elektronotechniker)安全標準規格，VDE目前已成爲較受歡迎的標準指南，這是它的安全標準規格考慮較爲嚴格。

UL與VDE安全標準規格，它們之間有些基本上的差異，UL規格比較集中在防止失火的危險，而VDE規格比較關心操作員的安全，在隔離式變壓器結構中，UL與CSA規格限制繞組溫度升至65℃以上的周圍溫度時，需用105等級的絕緣，而升至85℃以上周圍溫度時，需用130等級的絕緣。

　　在任何情況，我們都要設計使得轉換式電源供給器的變壓器溫度上升保持至最低值，由於大多數變壓器結構都是使用陶鐵磁(ferrites)，其本身具有熱的極限，陶鐵磁的居里溫度(curie temperature)約為200℃，此限制了鐵心操作溫度至100℃左右，所謂居里溫度乃指材料改變其鐵磁(ferromagnetic)特性，而且變為順磁時之溫度。

　　在另一方面，VDE安全標準對特性的繞組方法與輸入至輸出的隔離要求，有較嚴格的需求，也就是需要高達$3750V_{ac}$的高電位測試，這些安全需求在第11章中會有較深入的討論。

　　陶鐵磁變壓器可以不需做油漆浸透(varnish impregnation)，當外殼以鐵疊片製作時，由於濕氣所引起鐵心的氧化並非主要的因素，而在低頻變壓器所引起的聲雜訊(acoustical noise)，在陶鐵磁的高頻變壓器就不會出現了。一般我們都是操作於人類聲能範圍以上，這並不是說陶鐵磁變壓器的裝置不會產生機械雜訊或聲雜訊，也就是亦有可能這些情況發生，因為不管他們如何被裝置，就有如共鳴板(sounding board)一般，陶鐵磁材料如置於磁場中，會使得材料有收縮或膨脹的特性，此現象稱之為磁伸縮(magnetostriction)，且依次地會引起鐵心裝置的機械共振(mechanical resonance)。事實上當鐵心的溫度升高時，磁伸縮會改變磁場的負極性至正極性，因此當變壓器裝置於板上時，必須小心留意取用適合的方法，來達到減少或消除任何的聲能機械的雜訊。

第六章

電源輸出部份：整流器、電感器與電容器 (THE OUTPUT SECTION: RECTIFIERS, INDUCTORS, AND CAPACITORS)

6-0　概論(INTRODUCTION)

　　一般轉換式電源供給器的輸出部份，是由單一直流輸出或是多重直流輸出所組成，其直流的輸出電壓是由變壓器的次級電壓經由直接整流與濾波而獲得，而且在某些情況下，可以經由串聯式通過穩壓器(series-pass regulator)來達成濾波之效。一般這些輸出電壓都為低電壓值，直流且能傳遞一定的功率來驅動電子元件與電路。大多數共同的輸出電壓型式為 $\pm 5\,V_{dc}$、$\pm 12\,V_{dc}$、$\pm 15\,V_{dc}$、$\pm 24\,V_{dc}$，或是 $\pm 28\,V_{dc}$，而且其功率容許值可由幾瓦至幾仟瓦範圍。

　　在轉換式電源供給器中，次級電壓最普通的型式為高頻方波(high-frequency square wave)，需經整流濾波後方能獲致直流輸出，此整流濾波部份元件為肖特基二極體或是快速回復二極體，低ESR值的電容器，與儲存能量的電感器，大部份這些元件對於產生低雜訊輸出是非常有用的。

　　在本章所描述的是轉換式電源供給器輸出部份的元件特性，優點與限制等性質，我們也導出設計公式與過程，來幫助讀者對這些元件的實際應用。

6-1　輸出整流與濾波電路 (OUTPUT RECTIFICATION AND FILTERING SCHEMES)

　　用於電源供給器中的輸出整流與濾波電路結構，全依設計者選擇使用的電源供給器的型式而定。在圖6-1中為返馳式轉換器的輸出電路結構，在返馳式轉換器中的T_1變壓器，其動作狀態就有如儲存能量的電感器，而二極體D_1與電容器C_1的作用就是產生直流電壓輸出，然而在有些實際設計上，亦可加入額外的LC濾波器，來抑制高頻轉換波尖，如圖6-1所示的虛線部份，此二者L與C值都非常小。

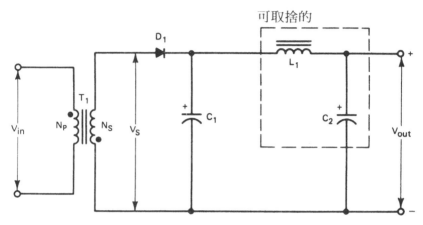

圖6-1　轉換式電源供給器返馳型式的輸出部份

　　在設計電源供給器輸出部份最重要的參數為整流二極體與飛輪二極體所需的最小直流阻隔電壓值，對返馳式轉換器來說，整流二極體D_1必須有$[1.2\,V_{in}(N_S/N_P)]$最小的逆向電壓額定值。

　　在圖6-2所示為順向式轉換器的輸出部份，需注意的是它與返馳式轉換器之間的顯著差異，其中增加了一個D_2飛輪二極體與電感器L_1。在OFF週期裏，二極體D_2提供電流至輸出，因此，D_1與D_2二極體的組合必須能夠傳遞全部的輸出電流，這二個二極體的逆向阻隔電壓容許值必須是相同的，其最小值為$[1.2\,V_{in}(N_S/N_P)]$。而在圖6-3所示的輸出電路結構，適合於推挽式、半橋式與全橋式轉換器。

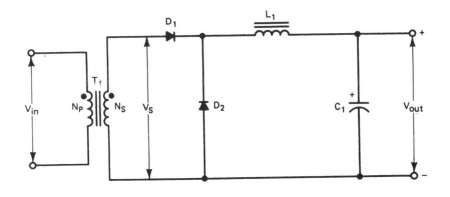

圖 6-2　轉換式電源供給器順向型式的輸出部份

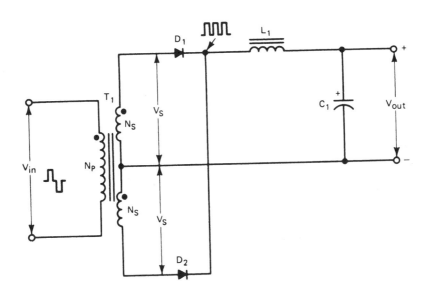

圖 6-3　推挽式、半橋式、全橋式轉換式電源供給器的輸出部份

　　大約每半週期裏，二個D_1與D_2二極體的每一個都能提供相等的輸出電流至負載上，在此不需再額外使用飛輪二極體，這是因為當其中一個二極體在OFF時，另外一個二極體之動作狀態就類似於飛輪作用，這些二極體必須有$[2.4 V_{out}(V_{in\,max}/V_{in\,min})]$最小的逆向阻隔電壓容許值。

6-2 轉換式電源供給器設計上功率整流器的特性(POWER RECTIFIER CHARACTERISTICS IN SWITCHING POWER SUPPLY DESIGN)

轉換式電源供給器中，對功率整流器二極體的要求就是必須具有低值的順向電壓降，快速回復的特性，與適當的功率容許值。一般的PN接面二極體是不適合於轉換上的應用，這是因為它的回復速度較

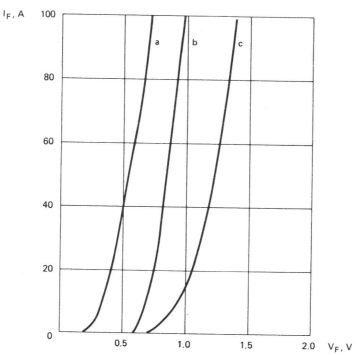

圖6-4 在許多順向電流準位下，典型的順向電壓降特性曲線
(a)為肖特基障壁整流器，(b)為超快速回復整流器，
(c)為普通的快速整流器

慢，而且效率較低。在轉換式電源供給器中，一般常用的整流二極體
有三種型式：⑴高效率快速回復二極體；⑵高效率超快速回復二極體
，與⑶肖特基障壁整流二極體。在圖6-4所示為這些二極體型式的典
型順向特性曲線，由圖中曲線可得知，肖特基障壁整流二極體具有較
小的順向電壓降，因此能提供較高的效率。

　　接下來我們將討論每一種型式的整流器，它們之間的不同與優點
，而在轉換模式的功率整流結構中，必須使用這些型式的二極體。

6-2-1　快速與超快速回復二極體
(Fast and Very Fast Recovery Diodes)

　　快速與超快速回復二極體有較高的順向電壓降，其範圍約為0.8V
至1.2V之間，由於具有較高的順向電壓降與高阻隔電壓容許值，所以
這些二極體特別適合於低功率，且輸出在12V以上的輔助電壓整流之
用。

　　由於目前大多數的轉換式電源供給器都是操作在20kHz以上的頻
率，因此，使用快速與超快速回復二極體可提供減少逆向回復時間t_{RR}
在千分之一微秒(nanosecond)範圍，所以經常我們在選用快速回復二
極體時，其t_{RR}值至少要小於轉換電晶體上升時間的三倍。

　　這些二極體也能減少輸出漣波電壓的轉換波尖(switching spikes)
，雖然"柔和(soft)"回復二極體會有較小的雜訊，其較長的t_{RR}時間與較
高的逆向電流I_{RM}會產生較大的轉換損失，在圖6-5所示為陡峭的與柔
和的回復二極體的逆向回復特性。

　　在轉換式電源供給器中，所用的快速與超快速轉換二極體，在當
做輸出整流器時，是否需要散熱裝置，全依最大的工作功率而定。一

般這些二極體都有非常高的接面溫度，大約在175℃左右，而且大多
數的製造廠商都會提供詳細的規格圖表，此將使得設計者能夠計算出
最大輸出工作電流對引線或是外殼的溫度。

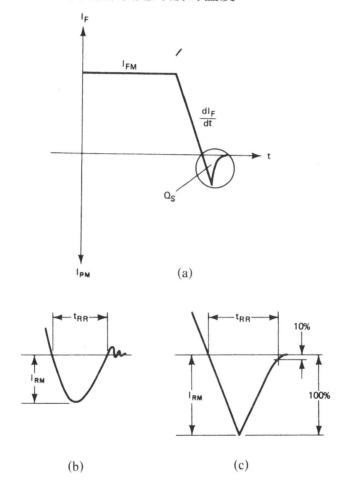

(a)

(b)　　　　　　　　(c)

圖6-5　波形(a)描述整流器的動作行為，在特定斜坡額定率dI/dt下由順向導通開關
　　　　至逆向狀態，此圓圈部份的波形則為逆向回復的一部份。波形(b)所描述的
　　　　則為陡峭回復類型的二極體，而(c)所描述的則為柔和回復類型的二極體。
　　　　需注意的是在此二個不同類型的回復二極體之間，其t_{RR}與I_{RM}之值會有顯著
　　　　的不同

6-2-2　肖特基障壁整流器(Schottky Barrier Rectifiers)

在圖6-4所示的肖特基障壁整流器有極低的順向電壓降，約為0.5 V左右，甚至在較高的順向電流情況下，亦保有此極低之值，也就是因為這個緣故，使得肖特基整流器在低電壓輸出時特別地有效，就如5V的輸出電壓。所以一般這些輸出都會傳遞較高的負載電流，此外，當肖特基接面溫度升高時，順向電壓降會變得更低。

在肖特基障壁整流器(schottky barrier rectifier)中逆向回復時間是可忽略的，這是因為此元件為多數載子半導體，因此，在轉換期間就沒有少數載子的儲存電荷被移去。

不幸的是，肖特基障壁整流器有二個主要的缺點。首先是其逆向阻隔容許值較低，目前約為100V左右。其次為具有較高的逆向洩漏電流值，使得較其它型式的整流器更容易產生熱跑脫的現象。然而這些問題還是可以被避免的，祇要使用暫態過電保護電路與謹慎的選擇操作接面溫度。

6-2-3　暫態過電壓抑制電路 (Transient Overvoltage Suppression)

考慮如圖6-3所示的全波整流器，在PWM穩壓半橋式電源供給器中，D_1與D_2使用肖特基整流器，在變壓器次級端每半個繞組上的電壓V_s為$2V_{out}$極小值，因此，在OFF狀態或是$4V_{out}$時，每一個二極體必須能夠阻隔$2V_s$的電壓。

不幸的是，高頻變壓器的洩漏電感值與肖特基整流器的接面電容值(junction capacitance)，在OFF狀態時會形成調諧電路(tuned circuit)，此會產生暫態過電壓的振鈴(ringing)現象，如圖6-6所示。此振鈴的振幅有時會足夠地高而超過了肖特基整流器的阻隔容許值，這會使得肖特基整流器在OFF期間被破壞。

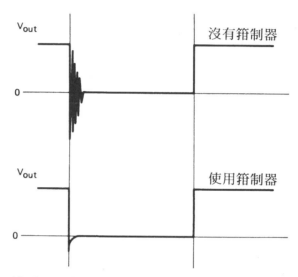

圖6-6　上面波形所示在肖特基整流器turn-off時會有振鈴現象發生。下面波形所示在相同整流器使用暫態抑制器後能消除振鈴現象

　　我們可以在其電路上，增加RC箝制電路來抑制此振鈴至安全振幅值，如圖6-6所示的下面波形圖，有二種方法可用來加入RC箝制電路至電源供給器的輸出，而達到保護肖特基整流器之目的。對於高電流的輸出箝制電路可加在整流器兩端上，如圖6-7(a)所示，而對低電流的輸出，祇要在次級兩端加上一組RC箝制電路即可，如圖6-7(b)所示。另外有一種方法就是使用稽納二極體去制止超越量的電壓至安全準位，如圖6-7(c)所示。雖然此種方法工作良好，但是稽納二極體的緩慢回復，會在電源供給器的輸出引起雜訊波尖(noise spikes)，因此，對於低雜訊的應用上來說，這是我們所不期望的。

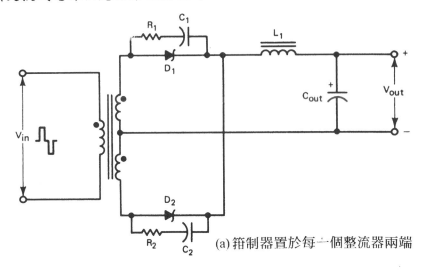

(a)箝制器置於每一個整流器兩端

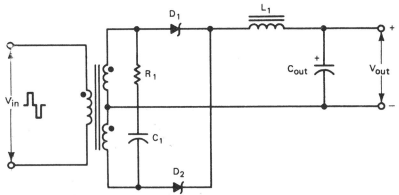

(b)將單一的*RC*箝制器置於變壓器次級繞組兩端

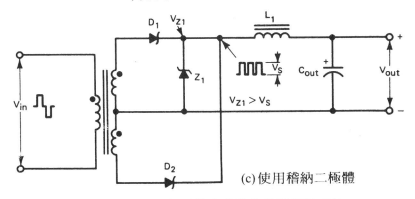

(c)使用稽納二極體

圖6-7 在turn-off期間保護輸出肖特基整流器的方法

箝制電阻器R_s可由下式計算得到

$$R_s = \frac{\sqrt{L_T/C_J}}{n} \tag{6-1}$$

在此　　L_T：變壓器的洩漏電感值，μH

　　　　C_J：肖特基接面電容值，pF

　　　　n：初級至次級圈數比，N_P/N_S

而箝制電容值C_s可以任意的選擇，其範圍由$0.01\mu F$至$0.1\mu F$之間。在電阻器上的功率消耗可計算如下：

$$P_R = \frac{1}{2}C_s\left(\frac{V_{in}}{n}\right)^2 f \tag{6-2}$$

在此f為轉換器的操作頻率。

正確地選擇箝制電容器C_s會使得箝制電路變得更有效，且能減少功率的消耗。

6-2-4　計算返馳式、順向式與推挽式轉換器整流二極體峰值電流的容許值(Calculating the Rectifier Diode Peak Current Capability for the Flyback,Forward, and Push-pull Converters)

在先前我們曾經討論過返馳式轉換器中的輸出二極體，僅在轉換器轉換週期部份時間裏才會導通，換句話說，也就是在轉換電晶體的OFF狀態時間裏。因此，輸出整流器在導通時間週期裏，必須能夠承受整個輸出電流之容許值(圖6-1)。

輸出二極體最小峰值的順向電流值可為

$$I_{FM} = \frac{2I_{out}}{1 - \delta_{max}} \qquad\qquad (6\text{-}3)$$

在此 δ_{max} 為轉換器的最大工作週期係數。

假設 $\delta_{max} = 0.45$，對返馳式轉換器來說，則

$$I_{FM} = 3.6\, I_{out} \qquad\qquad (6\text{-}4)$$

例題6-1

試計算在100W的PWM返馳式轉換器中，輸出整流器的峰值順向電流額定值，其輸出為5V$_{dc}$，20A，最大工作週期係數為 $\delta_{max} = 0.45$，操作頻率為20kHz。

解：由(6-4)式我們可得

$$I_{FM} = 3.6\, I_{out} = 3.6(20) = 72\ \text{A}$$

因此，整流器必須能夠有72A的峰值重覆順向電流值，且在此設計上最大工作週期約為45％。

在順向式轉換器中，輸出二極體的選擇就變得稍為複雜些了，這是因為我們也需要計算飛輪二極體的峰值順向電流容許值(圖6-2)。在另一方面，由於順向轉換器中的能量會連續地流至輸出負載上，因此每一個二極體的峰值順向電流值會比返馳式轉換器之值更低，所以順向轉換器中的輸出二極體的峰值順向電流值可為

$$I_{FM} = I_{out}\delta_D \qquad\qquad (6\text{-}5)$$

在此 δ_D 為整流器或飛輪二極體的工作週期係數。

例題6-2

試計算順向式PWM轉換器中，整流器與飛輪二極體的最大順向電流額定值，其它的詳細工作規格如同例題6-1所示，輸入電壓的操作範圍由90V_{ac}至130V_{ac}。

解：利用(6-5)式計算整流器二極體峰值順向電流值為

$$I_{FM} = I_{out}\delta_{DR} = 20(0.45) = 9 \text{ A}$$

因此，我們可以使用10A的額定值，45％工作週期的整流器二極體。飛輪二極體的最大工作週期係數為

$$\delta_{DF} = 1 - \delta_{min} = 1 - \delta_{max}\left(\frac{V_{in,min}}{V_{in,max}}\right) \tag{6-6}$$

取 $V_{in\,min} = 90\sqrt{2} - 20V$ 的直流漣波 $= 106V_{dc}$，我們將取用 $V_{in\,min} = 100V_{dc}$，$V_{in\,max} = 130\sqrt{2} = 182V_{dc}$，我們取 $V_{in\,max} = 190V_{dc}$，則由(6-6)式可得

$$\delta_{DF} = 1 - 0.45\left(\frac{100}{190}\right) = 0.76$$

因此，飛輪二極體的順向電流為

$$I_{FM} = 20(0.76) = 15.2 \text{ A}$$

所以我們可使用在76％的工作週期裏，20A額定值的二極體。

在推挽式轉換器中，在相等導通週基裏，輸出整流器會提供相等的電流至輸出負載上(圖6-3)，對半橋式或是全橋式電路來說，此輸出結構亦是有效的。

由於推挽式轉換器的輸出，其工作狀態就有如二個背對背的順向

轉換器的輸出，因此，每一個整流器的最大順向電流值可由(6-5)式求
得。

例題6-3

　　試計算半橋式PWM轉換器中，每一個輸出整流器二極體的最大
順向電流額定值，其它的詳細工作規格如同例題6-1所示。

解：轉換器的轉換週期為

$$T = \frac{1}{f} = \frac{1}{20\ kHz} = 50\ \mu s$$

假設在每一交替半週期之間，其截止時間(dead time)為 $5\ \mu s$，則
每一個整流器的導通時間為 $20\ \mu s$，於是每一個二極體的工作週
期係數為 $\delta_{DR} = 20/50 = 0.4$，由(6-5)式我們可得

$$I_{FM} = 20(0.4) = 8\ A$$

因此，在40％的工作週期裏，每一個整流器有8A的最小額定值（
實際上我們可使用10A的整流器）。

在前面我們也曾提過，當其中一個整流器二極體在OFF狀態時，
則另一個整流器二極體的動作狀態就有如飛輪二極體一般，在此
情況下，對飛輪模式來說每一個二極體在 $5\ \mu s$ 的導通時間，則
$\delta_{DF} = 5/50 = 0.1$，因此在截止時間對每一個整流器二極體所提供
的輸出電流為

$$I_{FDM} = 20(0.1) = 2\ A$$

　　整流器在使用時最好能做熱分析，有必要時選擇適當的散熱片使
用，可以防止熱跑脫現象，避免整流器被破壞，一般製造廠商都會提
供減額二極體電流對外殼溫度的曲線。

　　若要獲得更高電流的輸出，我們可以將二極體並聯使用，如此可用來平均分擔負載電流，不過此種並聯並不是直接將二極體並聯在一起使用，而是必須使用分離式的次級繞組，將其上的各別二極體互相並聯在一起，如圖6-8所示的電路。

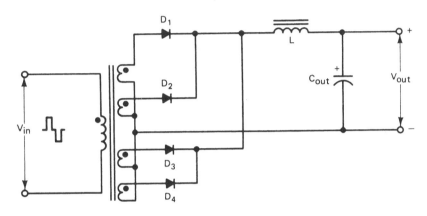

圖 6-8　使用分離式的次級繞組並回輸各別的二極體，此法能夠增加所需的輸出電流容許值

6-3　同步整流器 (SYNCHRONOUS RECTIFIERS)

6-3-1　一般性的考慮(General Considerations)

　　數位積體電路的製造廠商在單矽晶片的製造上，已經漸漸朝向製作更多電氣功能以及電路上著手，而其所需之偏壓也漸漸往下降低。對數位ICs之製造商而言，已經將離線操作之邏輯偏壓標準化為3.3 ± 0.3V，而電池操作之邏輯偏壓則標準化為2.8 ± 0.8V。

　　這些新的電壓標準使得交換式電源供應器的設計工作師們必須去設計找尋除了接面二極體做為整流之外，是否可能還有其它元件可以

取代之，而此舉則是爲了減少電源供應器輸出部份的功率損失。例如
，若利用傳統的整流器做中間抽頭式的整流，則輸出電路每一個二極
體之功率損失可以表示如下

$$P = (V_f I_{\text{out}})\delta_{\text{max}} \tag{6-7}$$

在此　　　　V_f爲二極體順向電壓降

　　　　　　I_{out}爲電源供應器額定之輸出電流

　　　　　　δ_{max}則爲輸入波形的工作週期

　　　由於功率之消耗會直接正比於二極體之順向電壓降，即使我們使
用最好的肖特基二極體，其電壓降僅有0.4V，可是其功率損失還是會
佔整個輸入功率損失的20％。最近幾年來，由於功率MOSFET具有非
常低的$R_{DS,\text{on}}$，因此，已經有人應用在輸出整流上，而MOSFET之價格
祇要降低些，則在交換式電源供應器之設計上採用MOSFET來設計同
步整流器就會漸漸風行。

　　　與傳統的整流器比較起來，功率型MOSFET同步整流器由於具有
快速之交換時間，所以，並沒有交換損失。而當其導通並工作在中間
抽頭式之整流結構，其功率損失可以表示爲

$$P = I_{\text{out}}^2(R_{DS,\text{on}})\delta_{\text{max}} \tag{6-8}$$

在此$R_{DS,\text{on}}$爲MOSFET之導通電阻值。

　　　另外一種實際的同步整流器則是利用雙極電晶體來製作出來的，
這是由Unitrode公司發展出來的，稱之爲BISYN。雙極同步整流器除
了能夠與MOSFET之優點相匹配之外，還有一些額外之特色。雙極同
步整流器之功率損失直接正比於集極-射極之導通電阻值，以中間抽
頭式之應用而言，則其功率損失可以表示如下：

$$P = I_{\text{out}}^2(R_{CE,\text{sat}})\delta_{\text{max}} \tag{6-9}$$

爲了使讀者能夠對這些元件更加熟悉，下面幾節中將會對MOS-FET與雙極同步整流器之特性做更詳盡之介紹。

例題6-4

　　若輸出之電路爲3V，30A之中間抽頭的全波整流器，所使用之整流器爲以下三種，試計算其功率損失：⑴肖特基二極體，$V_f = 0.6V$，⑵功率型MOSFET同步整流器，$R_{DS \cdot on} = 0.018\,\Omega$，⑶BISYN同步整流器，$R_{CE \cdot on} = 0.008\,\Omega$。

　　而此交換波形之$\delta_{max} = 0.45$，截止時間(dead-time)週期爲0.05。

解：⑴由(6-7)式利用肖特基整流器則可得到：在正半週期間，當第一個二極體導通時，其功率損失爲

$$P_1 = (V_f I_{out})\delta_{max} = (0.6)30(0.45) = 8.1\ \mathrm{W}$$

在截止時間t_d，第二個二極體，其作用乃爲一飛輪二極體，其功率之消耗則爲

$$P_2 = (0.6)(3)(0.05) = 0.9\ \mathrm{W}$$

而在負半週時，第二個二極體也會有如上所示相同之功率消耗。因此，在電路中整個功率損失乃爲

$$P_t = 2(P_1 + P_2) = 2(8.1 + 0.9) = 18\ \mathrm{W}$$

⑵當整流器爲MOSFET時，利用(6-8)式，並重複以上之步驟，則可計算出整個功率損失乃爲

$$P_t = 2(7.29 + 0.81) = 16.2\ \mathrm{W}$$

⑶當同步整流器爲BISYN雙極性時，利用(6-9)式，則可計算出全部之功率損失乃爲

$$P_t = 2(3.24 + 0.36) = 7.2\ \mathrm{W}$$

6-3-2 以功率MOSFET做爲同步整流器 (The Power MOSFET as a Synchronous Rectifier)

在圖6-9所示乃爲交換式電源供應器，輸出部份的中間抽頭全波整流電路，此電路乃利用功率MOSFET做爲同步整流器。

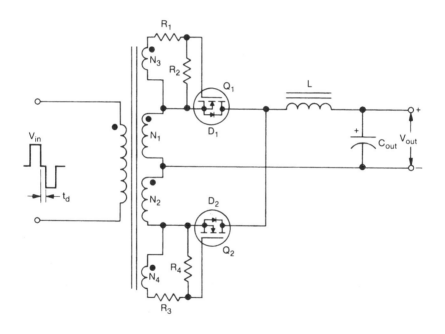

圖6-9 交換式電源供應器利用MOSFETs做爲同步整流器的全波輸出整流。在電路所示之二極體D_1與D_2乃爲MOSFETs之寄生二極體

在這個電路中，爲了提高其效率，MOSFETs Q_1與Q_2在選擇上儘可能找到有較低之$R_{DS,on}$，使其在最大電流情況下，功率損失會較小些。至於變壓器繞組N_3與N_4可以分別在輸入波形之相反之半週期裡，將MOSFET Q_1與Q_2導通。爲了使$R_{DS,on}$之電阻值更小些，可以將驅動

閘極至源極之電壓予以提高些。在選擇電阻R_1至R_4時亦要留意些，這些數值對降低交換時間都會有所影響。在電路圖中之二極體D_1與D_2乃為MOSFETs之寄生二極體，其動作就如飛輪二極體，在入波形之截止時間t_d可以提供電感L之電流路徑。由於在此期間它們會分擔此負載電流，其順向電壓降應盡可能減小些；不過為了使電路能夠更實際些，當MOSFET導通時，其功率損失必須遠小於寄生二極體順向電壓降所產生之功率損失。也就是

$$R_{DS,on}(I_d) \ll I_{FD} \tag{6.10}$$

在圖6-10所示為單端順向式轉換器利用MOSFET所做的同步整流器電路。在此結構中，由繞組N_1所得之閘極至源極電壓可以用來導通電晶體Q_1，而此狀態是在交換波形正半週期間。當輸入電壓波形變為負時，MOSFET Q_1會被截止，此時輸出電流會經由MOSFET Q_2流至負載；由於在輸出電感所儲存之能量會感應至繞組N_3，因此MOSFET Q_2會在導通狀態。

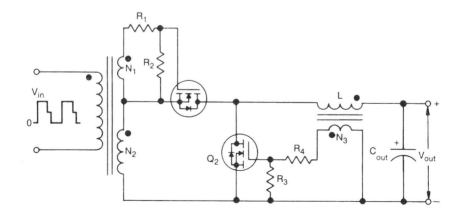

圖6-10　順向轉換器電路利用功率MOSFETs做為同步整流器輸出電路

至於在此電路結構中要如何選擇出較恰當之MOSFET，其準則如同前面橋式結構中所提。若是結構改成返馳電路時，其電路就如點6-10 懂，祗不過MOSFET Q_2不須要了。

6-3-3　以雙極性電晶體做爲同步整流器 (The Bipolar Synchronous Rectifier)

使用雙極性電晶體做爲同步整流器亦具有MOSFET同步整流器之優點，操作頻率則可高達200kHz(當然若頻率高於此值，則以MOS-FET爲佳)，同時與MOSFETs比較起來，則具有較低之價格，並可改善溫度係數。

例如Unitrode公司所出品的BISYN係列就是雙極性的同步整流器，此元件則具有非常低的飽和電阻值(在4.5mm晶片上具有8mΩ之電阻值)，並具有很好的增益(》25)，同時在正、負輸入電壓之情況下具有相對稱的阻隔能力。最後這個是非常重要之特色，這是因爲利用PWM技巧去驅動雙極性同步整流器，可以使得多重輸出之交換式電源供應器，任何一組之輸出電壓都可達到穩壓之可能，而不需再使用串聯的線性穩壓器或是磁性放大器，如此則可實現較高之效率。

在圖6-11所示之中間抽頭輸出電路，就是實際的雙極性同步整流器。在此電路中，當輸入波形趨正電位時，則可提供電流至輸出負載，此時同步整流器Q_1會被導通。二極體D_3乃爲飛輪作用，在輸入波形爲截止時間t_d期間，可以提供輸出電感之電流路徑。在此情況下，跨於次級繞組上之電壓已經釋放掉了，但是由於耦合繞組N_s會有電壓感應產生，因此，二極體D_1會被順向偏壓，如此可以加速使得同步整流器Q_1在截止狀態。

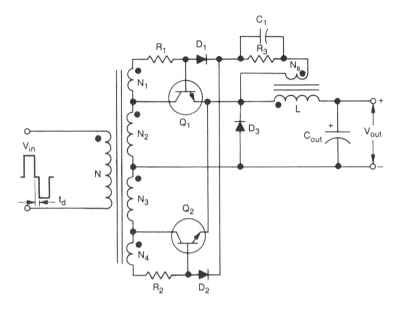

圖6-11　使用中間抽頭電路的雙極同步整流器Q_1與Q_2

同時，流經二極體D_2之電流會將同步整流器Q_2導通，而在輸入波形為負電位期間，Q_2都會保持在導通狀態，一直到磁化電流下降至比二極體D_2電流還低時，Q_2才會變成在關閉狀態，也就是此時輸入波形是在正電位期間。

在圖6-12所示之雙極性同步整流器的輸出電路是操作在單端順向轉換器中。

在下面的討論中，我們是假設單端順向轉換器之導通週期會小於50％。瞧瞧此電路我們以得知，當變壓器T_1之初級側繞組有電流流過時，在次級側之繞組上就會有電壓感應產生，至於其極性就如繞組上黑色圓圈所示。此時同步整流器Q_1導通，就會有電流流至輸出負載。由於輸出電感L之耦合繞組N_4之極性關係會使得同步整流器Q_2與二極體D_1都在關閉狀態。而當輸入波形在關閉期間(OFF)，整流器Q_2會導通，並使得經由電感L之輸出電流能夠持續流通。當二極體D_1繼續保持在OFF狀態時，基極驅動之能量會經由繞組N_4傳遞過來。

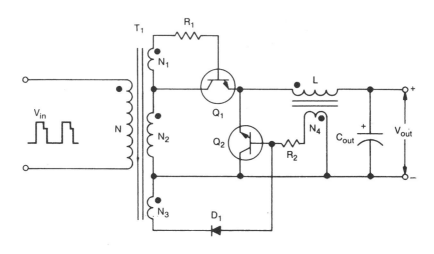

圖6-12　在單端順向轉換器中使用雙極同步整流器的輸出電路

　　當初級側變壓器繞組再度在導通週期時，在繞組N_3上之電壓會被二極體D_1箝制至接近零電位，並將Q_2的基極-集極接面順向偏壓。

　　由於繞組N_3此時就有如一短路狀態，此時若Q_2快速地被關閉，則由於Q_1缺少基極驅動，所以還是處於OFF狀態。接著D_1會被逆向偏壓，在次級繞組上就會有電壓被建立，因此，在繞組N_1上之電壓就會將同步整流器Q_1導通。

　　利用繞組N_3與N_1之繞製可以使得同步整流器Q_2的恢復時間予以增長(300至400ns)，如此可以減低輸出電流之超越量(overshoot)，以及反射至初級側之振鈴(ringing)，以免交換電晶體被破壞了。

6-3-4　利用雙極性電晶體的同步整流器與PWM穩壓器的技巧來達成輸出電壓的穩壓(Output Voltage Regulation Using Bipolar Synchronous Rectifiers and PWM Regulator Techniques)

　　如先前我們所提，由於雙極性同步整流器的對稱阻隔能力，交換式電源供應器之任何輸出皆可利用PWM之技巧來予以整流以及達到獨立之穩壓。

　　在圖6-13所示就是在單端式順向轉換器中，整流並穩壓一低電壓、高電流輸出之實際電路，同時採用Unitrode公司BISYN同步整流器以及UC3525A PWM控制電路。

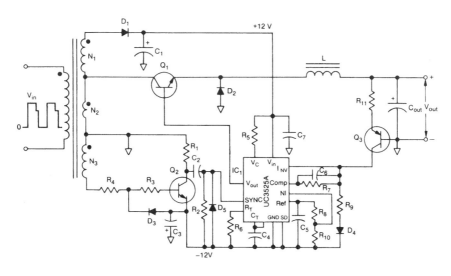

圖6-13　BISYN同步整流器Q_1與PWM控制IC可用來完成3V輸出的整流與穩壓

由於BISYN Q_1的偏壓需正、負電壓，因此，可以經由次級繞組N_1與N_3之整流與濾波來獲得，此電壓為±12V，亦做為PWM電路偏壓之用

為了驅動PWM誤差放大器之反相輸入端，電晶體Q_3之功能則做為一電流源(current source)，可將輸出電壓之準位予以偏移。而輸出電壓則是經由電阻R_9與二極體D_4來得到。至於D_4二極體則可做為電晶體Q_3之V_{BE}電壓降的溫度補償之用。

除了在起始導通期間其偏壓驅動電流會比穩態電壓稍微大些之外，在PWM導通期間 BISYN的驅動電流可由電阻R_5來限制。在OFF期間，負的關閉電流可以由PWM圖騰極之輸出來提供。

至於PWM的頻率可由電阻R_6與電容C_4來予以設定，而此頻率可以比原來的電源供應器之交換頻率高。同步的動作則經由電晶體Q_2，二極體D_5，以及R_2與C_2來完成。二極體D_5可以用來箝制由微分器R_2/C_2產生之負電壓，以避免控制電路有誤動作之情形發生。

6-3-5　電流驅動的同步整流器
(A Current-Driven Synchronous Rectifier)

在圖6-14(a)所示就是使用功率MOSFET，以及一些額外少數之零件所組成的電流驅動同步整流器。在此設計中所使用的功率MOSFET，在所需的操作電流情況下，必須要有較低之導通電阻值$R_{DS,on}$。在圖6-14(a)所使用的是Motorola之TMOS元件，編號為 MTM60NO5，$R_{DS,on} \leq 30\text{m}\Omega$在10A之情況下。

在圖6-14(a)所示之變壓器T_1乃為電流變壓器，其圈數比為$N_1 : N_2 : N_3 = 1 : 25 : 3$。若在電路的端點$A$提供一電壓，則在繞組$N_1$上

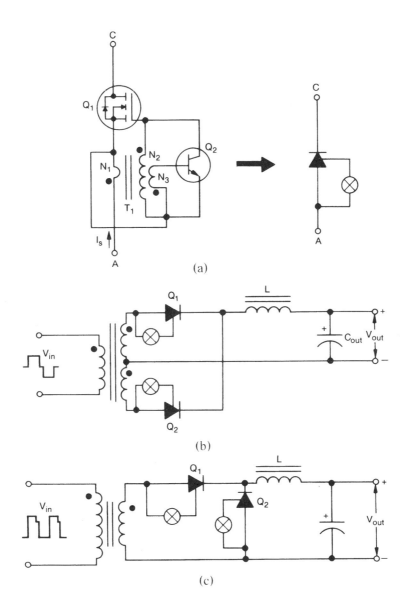

(a)

(b)

(c)

圖 6-14　(a)電流驅動的同步整流器電路以及其符號表示，(b)與(c)為同步整流器在全波中間抽頭的整流電路與單端順向式轉換器之輸出電路

會有源極電流I_s流過，此時在繞組N_2上會有$0.04I_s$A的電流感應產生，此電流經由二極體D_1流至功率MOSFET Q_1的閘極。同時會將FET輸入電容C_{in}予以充電，將使得電晶體成為導通狀態。變壓器T_1之設計在某些情況會在飽和之狀態。而鐵心之飽和則會終止FET輸入電容的充電，此時所有變壓器繞組就如同成為短路狀態。因而由於N_3繞組極性的關係，在整個充電與截止週期裡電晶體Q_2會保持在OFF狀態，二極體D_1會在逆向偏壓，而輸入電容會保持其所充之能量。在此狀態下，Q_1會被完全地導通，並允許所有的I_s電流流經其上。由於FET之$R_{DS \cdot on}$非常低，所以Q_1之動作就有如一高效率之整流二極體。此時在變壓器T_1所儲存之磁化電流將會使得繞組之極性反轉。

而當此情況發生時，雙極電晶體Q_2的基極會變成正的，此時會將Q_2導通，而FET輸入電容則被放電使得Q_1在關閉狀態，如此I_s電流就不會流通。所以，這個時候變壓器之鐵心也會處於重置(resetting)之狀態。在Q_1非常高的dv/dt回復期間裡，Q_2的基極-射極壓降會箝制此重置狀態，並保證Q_2會在導通之情況。而此舉可預防在任何情況下Q_1錯誤之導通。

由於沒有外部控制或是時序信號使得此電路真正的是一個兩端的整流器。在圖6-14(b)與(c)所示就是此整流器電路應用在全波中間抽頭以及單端式之結構中。

6-4　輸出電感器的設計(OUTPUT POWER INDUCTOR DESIGN)

6-4-1　一般性的考慮(General Considerations)

大多數轉換式電源供給器的設計，都會使用到電感器來做為輸出濾波電路結構的一部份，其主要有二個目的：首先：在OFF或是"凹口(notch)"期間，電感器能夠儲存能量，使得輸出電流能夠連續地流至負載上。其次，電感器能夠平滑與平均輸出電壓漣波至可接受的準位。

有許多種類的鐵心，設計者可用來設計電感器，目前在高頻轉換式設計上，最受歡迎的材料為陶鐵磁鐵心(ferrite cores)，鐵粉心鐵心(iron powder cores)，與MPP鐵心(molypermalloy cores)，這些鐵心都非常適用於做功率電感器的設計，至於要選擇那種鐵心，則依其價格、重量、可用率、性能與製作的容易度來決定。

鐵粉心與MPP鐵心一般的形狀都為環型，由於具有以下的特性，很適合做功率扼流圈(choke)：

1. 高飽和磁通量密度，B_{sat}可高達至8000G。
2. 具有高能量儲存容許能力。
3. 本身具有空氣間隙，不需在鐵心上切割間隙。
4. 有較多的尺寸大小可供選擇。

在另一方面，陶鐵磁鐵心就必須切割間隙，這是由於它的飽和磁通量密度B_{sat}值較低，而且對溫度又較敏感，體積尺寸也較為大些，但是如果我們在輸出扼流圈上使用Pot型式的鐵心，則輻射的EMI將可以被減少，這是因為pot型式的鐵心本身具有隔離的特性，另外陶鐵磁扼流圈也較容易繞製，特別是使用較大的線規來繞製。

6-4-2 設計方程式的推導
(Deriving the Design Equations)

考慮如圖6-15(a)所示的PWM半橋式轉換器的輸出部份，而E_{in}與E_{out}輸出波形，以及具有漣波ΔI的平均負載電流I_{out}之波形示於圖6-15(b)。

由基本的電路理論，我們可得知在電感器上的電壓為

$$V_L = L \frac{di}{dt}$$

由於　$V_L = E_{in} - E_{out}$

而且　　　$d_i = \Delta I_L$　　　　　　　　　　　　　　　　(6-11)

綜合以上，並代入(6-11)式可求得電感器L為

$$L = \frac{(E_{in} - E_{out})\Delta t}{\delta I_L}$$　　　　　　　　　　　(6-12)

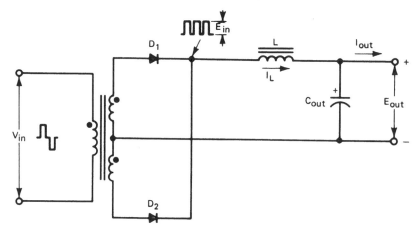

圖6-15　(a)PWM半橋式轉換器的輸出部份

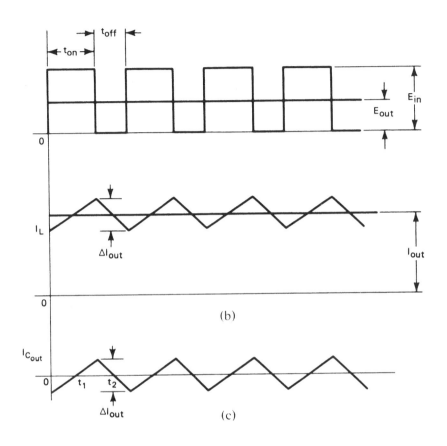

圖6-15　(b)與(c)則爲其電壓和電流波形

在此情況的PWM半橋式或全橋式轉換器，其最大初級輸入電壓爲V_{in}，則E_{in}的電壓值約爲二倍的輸出電壓E_{out}(見圖6-15)，所以$E_{in}-E_{out}=E_{out}$，時間間隔Δt等於最大的截止時間(dead time)，或是"凹口(notch)"時間t_{off}，此時間是發生於轉換的半週期交替之間。

　　最大的t_{off}時間值會發生在最大輸入線電壓下，這是由於此時電晶體導通時間t_{on}是在最小值，因此，電感器必須被設計能儲存足夠的能量，在凹口期間裏能提供連續的輸出電流。

以次級電壓E_{in}與E_{out}來表示t，其式子為

$$t = t_{off} = \frac{1}{2}\left[\frac{1 - (E_{out}/E_{in})}{f}\right]$$

(6-13)

在此f為轉換器的頻率(kHz)，係數1/2是相關於凹口時間t_{off}對整個轉換週期而得。這是由於在整個轉換期間裏會遭遇到二個凹口時間間隔，為了保持低電感器的峰值電流與良好的輸出漣波，我們建議ΔI_L值不可超過$0.25I_{out}$。

由以上得知，(6-11)式可以被寫為：

$$L = \frac{E_{out}t_{off}}{0.25I_{out}}$$

(6-14)

因此(6-14)式乃為計算電感值之公式，其值與實際值非常接近，所以在真正的應用上可以要，也可以不需要做微調(fine tuning)。電感值計算出來以後，下一個步驟就是選擇鐵心的尺寸大小與鐵心的材料，如此就能完成設計了。

下面例題我們以陶鐵磁鐵心與MPP鐵心，來一步步說明整個設計個程，第一個設計過程是用分析的方法，第二個則用圖表的方法，對設計最佳的濾波扼流圈來說，這二種方法都相當有用。

例題6-5

20kHz，100W的半橋式電源供給器，其輸出為$5V_d$，20A，試計算輸出電感器L之值(使用陶鐵磁鐵心)。

解：利用(6-13)式計算最大凹口時間

$$t_{off} = \frac{1 - (E_{out}/E_{in})}{2f} = \frac{1 - (5/10)}{40 \times 10^3} = 12 \ \mu s$$

在t_{off}期間電感器L能夠傳遞ΔI_L的輸出電流，L值可由(6-10)式計算得知

$$L = \frac{E_{out}t_{off}}{0.25 I_{out}} = \frac{5 \times 12 \ s}{5} = 12 \ \mu H$$

利用下面的公式選擇最小尺寸的鐵心

$$A_e A_c = \frac{(5.067) \ 10^8 \ (L I_{out} D^2)}{K B_{max}}$$

在此K：對環型鐵心為0.4，對捲線軸為0.8

$\quad D$：繞線直徑

$\quad A_e$：鐵心有效面積

$\quad A_c$：捲線軸繞組面積

選擇電流密度為400c.m./A，則對20A的電流輸出來說，其繞線為$400 \times 20 = 8000$c.m.，因此，我們可以選擇no.11AWG的繞線，由表5-2可查出其最大直徑為0.0948。

我們也選擇$B_{max} = 2000G$，則$A_e A_c$的乘積為

$$A_e A_c = \frac{5.067 \times 10^8 \times 12 \times 10^{-6} \times 20 \times 0.0948^2}{0.8 \times 2000} = 0.683 \ cm^4$$

由陶鐵磁目錄資料可查出3019型號的Pot型式鐵心，其$A_e = 1.38$ cm^2，$A_c = 0.587$cm^2，則$A_c A_c = 0.81$cm^4，因此，此種型號的鐵心符合我們所需，但是我們可以選擇較大的鐵心，使能滿足較大線規的繞線，事實上，我們建議使用較小尺寸的一束繞線，如此可增加導體表面積，而且減少集膚效應的損失。就以此例題來說，

我們可使用8條no.20AWG的繞組，來取代no.11AWG的一條繞線。並聯使用整束的導體，由於減少了I^2R的損失，所以銅損失可以被減少至最低值，因此，我們也能減少電流密度之需求，若僅使用6條no.20AWG的繞線，則電流密度為300c.m./A，還是會在可接受的範圍值內，綜合以上所說，選用3622型號的鐵心與單一截面的捲線軸(single-section bobbin)。

因為電感器會遭遇到大的直流偏壓，所以鐵心上需要有間隙(gap)，以避免達到飽和狀態，則間隙的長度為

$$l_g = \frac{(0.4\pi L I_{out}^2)10^8}{A_e B_{max}^2} = \frac{0.4 \times 3.14 \times 12 \times 10^{-6} \times 20^2 \times 10^8}{2.02 \times 2000^2} = 0.0746 \text{ cm}$$

因為空氣間隙會中斷磁性電路二次，如果使用取間隔裝置(spacer)來提供間隙的話，則spacer的厚度為$l_g/2 = 0.0373$cm，在另一方面，如果僅有中心柱之處切割間隙的話，則應使用全部的間隙長度。現在我們來計算其圈數

$$N = \frac{B_{max} l_g}{0.4\pi I_{out}} = \frac{2000 \times 0.0746}{0.4 \times 3.14 \times 20} = 5.94 圈$$

我們取$N = 6$圈，使用6條並聯的no.20AWG繞線導體，所以總共需要$6 \times 6 = 36$圈。

在每一捲線軸的圈數圖表(依據Ferroxcube目錄資料)上，由3622型號的單一截面捲線軸資料可得知，使用no.20AWG的繞線要繞滿捲線軸的繞線面積大約要60圈，若將繞線周圍的空氣空間與絕緣帶所使用的厚度予以考慮的話，則3622型號的捲線軸與Pot型式的鐵心乃是此設計的最好選擇。在真正的應用上還可以做些

改良，例如我們可增加圈數達到較好的濾波效果，或是增加繞線
導體的數目減少熱效應的產生。

例題6-6

設計例題6-5的濾波扼流圈，使用MPP的鐵心來做設計。

解：雖然使用MPP鐵心來做濾波扼流圈的設計，但是亦可以使用前
面所提的分析方法來完成設計，在本例題中我們將使用更快的圖
表方法，此法是由Magnetics公司所研究發展出來的，不但快速
而且很精確。本例題是以Magnetics公司的MPP鐵心資料來做設
計，但是還有許多製造廠商能做出具有同樣磁性且相等的鐵心大
小，如此讀者就可以擴大所描述的方法，去選擇其它製造廠商的
鐵心。

步驟1：利用(6-14)式計算所需之電感值

$$L = \frac{E_{out} t_{off}}{0.25 I_{out}} = \frac{5 \times 12}{5} = 12 \; \mu H$$

步驟2：計算LI_{out}^2的乘積。取$L = 12 \; \mu H$，$I_{out} = 20A$，則

$$LI^2 = (12 \; \mu H)(20^2) = (0.012 \; mH)(20^2) = 4.8.$$

步驟3：選擇鐵心大小。由圖6-16的鐵心選擇圖表，可查出LI^2座標
軸上的 4.8此點，將此點直接對至各種導磁率的實線可得出
55548型號的鐵心。

步驟4：選擇導磁率(permeability)。4.8此點的座標與55548型號的鐵
心座標的交點會落於導磁率26μ與60μ實線之間，僅有相
交LI^2的座標(4.8此點)與鐵心座標交點以下的導磁率實線可

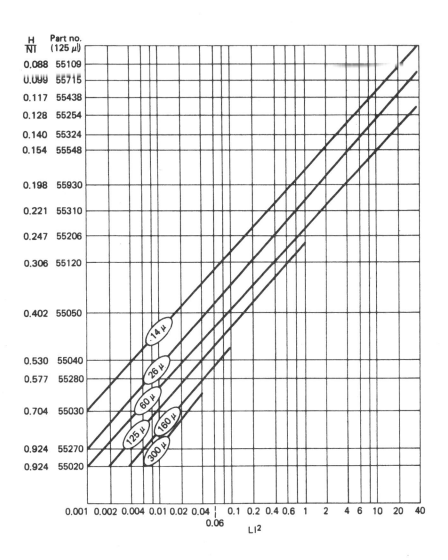

圖6-16 MPP 鐵心的直流偏壓鐵心選擇圖表，有關鐵心大小，導磁率H/NI與LI^2之值。$L=$直流偏壓的電感值(mH)；$I=$直流電流(A)(由 Magnetics, Inc. 提供)

以被使用，首先我們嘗使用導磁率為60 μ 的鐵心，如果使用較高導磁率的鐵心(如 $\mu = 125$)，則會產生較低的繞組係數，因此所需的圈數就會較少。

步驟 5：計算圈數以獲得所需之電感值。圈數可由下式計算求出：

$$N = 1000\sqrt{\frac{L}{L_{1000}}} \tag{6-15}$$

在此L為所期望的電感值(mH)，L_{1000}為標稱的電感值(mH/1000圈)。

由表6-1或表6-2可得知$L_{1000} = 61(60\mu$的導磁率，55548型號的鐵心)，因此為了獲得12μH(0.012mH)的電感值，則所需之圈數為

$$N = 1000\sqrt{\frac{0.012}{61}} = 14 \text{ turns}$$

我們增加20%的圈數，則可得$N = 17$圈。

步驟 6：計算繞線尺寸與適合的繞線鐵心。如果我們選400c.m./A的電流密度，則400c.m./A × 20A = 8000c.m.為繞線所需，由表5-2可查出適合的繞線為no.11AWG。

為了減少集膚效應的損失，我們可以並聯使用4條no.17 AWG的繞線，則總共的圈數為17 × 4 = 68圈，現在我們來檢查看看，這些繞線是否能商合滿足鐵心，no.17AWG的繞線(2050c.m.)，其圈數為68圈，則等於139400c.m.，由表6-1可得知55548型號的MPP鐵心，其總共的窗型面積為577600c.m.，因此，此鐵心繞組係數為139400/577600 = 0.24，同樣的依圖6-15由繞組的資料可得出，使用no.17AWG的繞線要完全地繞滿鐵心需要239圈，所以對24%的繞組係數來說，需要繞滿這個鐵心的圈數為239 × 0.24 = 57.36圈，但是我們所設計的圈數為68圈，所以我們必須重新選擇較高

表6-1 爲 Magnetics 公司 55548 系列鐵心的電氣、機械與繞組上的資料

<table>
<tr><td colspan="3">（鐵心尺寸）</td></tr>
<tr><td>DD (Max.)</td><td>1.332 in.</td><td>33.80 mm</td></tr>
<tr><td>ID (Min.)</td><td>0.760 in.</td><td>19.30 mm</td></tr>
<tr><td>HT (Max.)</td><td>0.457 in.</td><td>11.61 mm</td></tr>
</table>

圖示尺寸：1.300、0.785、0.420

（繞組的圈數長度）	
繞組係數	長度／圈
100% (Unity)	0.1943 ft　　5.93 cm
60%	0.1668 ft　　5.09 cm
40%	0.1400 ft　　4.27 cm
20%	0.1282 ft　　3.91 cm
0%	0.1238 ft　　3.78 cm

窗型面積　　577,600 c.m.
截面積　　0.1042 in.^{2}　　0.672 cm^2
路徑長度　　3.21 in.　　8.15 cm
重　　1.7 oz　　47. gm

（繞線尺寸）（單位繞組係數）	
DD (Max.)	1.840 in.　　46.7 mm
HT (Max.)	1.103 in.　　28.0 mm

磁性資料

元件號碼	導磁率 μ	電感值／1000圈 MH±8%	標稱直流電阻Ω／MH	表面磨光等級與穩定 ALL	狀態 2%頻帶	高斯每安培圈數 B/NI
55551 –	14	14	0.335	A2	*	2.16 (<1500 G)
55550 –	28	28	0.167	A2	*	4.00 (<1500 G)
55071 –	60	61	0.0768	ALL	Yes	9.24 (<1500 G)
55548 –	125	127	0.0369	ALL	Yes	19.3 (<1500 G)
55547 –	147	150	0.0312	ALL	Yes	22.6 (<1500 G)
55546 –	160	163	0.0287	ALL	Yes	24.6 (<1500 G)
55542 –	173	176	0.0266	ALL	Yes	26.6 (<1500 G)
55545 –	200	203	0.0230	ALL	Yes	30.8 (<600 G)
55543 –	300	305	0.0153	A2 and L8	Yes	46.2 (<3500 G)
55544 –	550	559	0.0083	A2	Yes	84.7 (<50 G)

單位繞組係數的繞組資料

AWG 繞線尺寸	圈數	直流電阻 Rdc Ω	AWG 繞線尺寸	圈數	直流電阻 Rdc Ω
8	32	0.00393	23	889	3.50
9	40	0.00618	24	1100	5.49
10	50	0.00976	25	1359	8.56
11	63	0.01544	26	1699	13.53
12	79	0.0244	27	2139	21.4
13	99	0.0384	28	2625	33.3
14	123	0.0604	29	3209	51.3
15	154	0.0949	30	4011	81.1
16	193	0.1504	31	4937	125.7
17	239	0.234	32	6017	189.4
18	298	0.370	33	7463	299
19	370	0.579	34	9500	482
20	462	0.909	35	11,788	758
21	578	1.437	36	14,549	1173
22	713	2.24			

資料來源：經由 Magnetics 公司所允許的鐵心資料

表6-2　電感值表

Part no., 125 μ	每1000圈的電感值，mH									
	14 μ	26 μ	60 μ	125 μ	147 μ	160 μ	173 μ	200 μ	300 μ	550 μ
55140	NA	NA	NA	26	31	33	36	42	62	NA
55150	4	7	17	35	41	45	48	56	84	NA
55180	5	9	20	42	49	53	57	67	99	NA
55020	6	10	24	50	59	64	69	80	120	220
55240	6	11	26	54	64	69	75	86	130	242
55270	12	21	50	103	122	132	144	165	247	466
55030	6	11	25	52	62	66	73	83	124	229
55280	6	11	25	53	63	68	74	84	128	232
55290	7	14	32	66	78	84	92	105	159	290
55040	7	14	32	66	78	84	92	105	159	290
55130	6	11	26	53	63	68	74	85	127	NA
55050	6.4	12	27	56	67	72	79	90	134	255
55120	8	15	35	72	88	92	104	115	173	317
55206	7.8	14	32	68	81	87	96	109	163	320
55310	9.9	19	43	90	106	115	124	144	216	396
55350	12	22	51	105	124	135	146	169	253	NA
55930	18	32	75	157	185	201	217	251	377	740
55548	14	28	61	127	150	163	176	203	305	559
55585	9	16	38	79	93	101	109	126	190	348
55324	13	24	56	117	138	150	162	187	281	515
55254	19	35	81	168	198	215	233	269	403	740
55438	32	59	135	281	330	360	390	450	674	NA
55089	20	37	86	178	210	228	246	285	427	NA
55715	17	32	73	152	179	195	210.	243	365	NA
55109	18	33	75	156	185	200	218	250	374	NA
55866	16	30	68	142	NA	NA	NA	NA	NA	NA

注意：此為 Magnetics, Inc. 的 MPP 鐵心在各種導磁率下每1000圈的電感值。
資料來源：由 Magnetics, Inc. 提供。

導磁率的55548型號的鐵心。由表6-2我們重新選擇125 μ 導磁率的鐵心，其中 $L_{1000} = 127$，則我們重新計算步驟5所需之圈數

$$N = 1000 \sqrt{\frac{0.012}{127}} = 9.72 \text{ turns}$$

我們增加20％的圈數，則可得$N=12$圈，使用no.11AWG的繞線，或是並聯使用4條no.17AWG 的繞線，總共的圈數爲$12 \times 1 = 18$圈，因此能適合鐵心之需求

爲了檢查所獲致的結果，則需做以下的分析：

步驟1：計算直流磁化力(dc magnetizing force)。由表6-1可得知55548型號的鐵心，其$H/NI=0.154$，則磁化力爲

$$H = \frac{H}{NI}(NI) = 0.154 \times 12 \times 20 = 36.98 \text{ Oe}$$

步驟2：檢查導磁率的減少。由圖 6-17 的曲線可得知，在磁化力爲36.98Oe，125 μ 的材料下，在一般經驗上會減少30％的最初導磁率，所以僅有70％可用的導磁率。

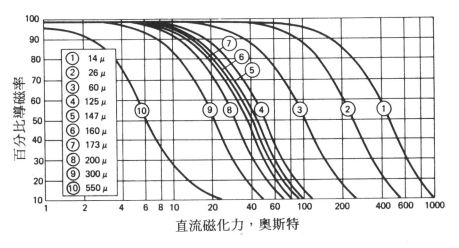

圖 6-17　Magnetics, Inc. MPP 鐵心的導磁率對直流偏壓曲線（由 Magnetics Inc. 提供）

步驟3：由步驟2所獲得的導磁率，求出鐵心的電感值。對55548型號的鐵心，125 μ 的材料，其標稱電感值爲$L_{1000}=127\text{mH}/1000$

圈，因此，對 70％可用的導磁率來說，其標稱電感值變爲 $127 \times 0.70 = 88.5\text{mH}/1000$ 圈，由(6-15)式求電感值 L 爲

$$L = \left(\frac{N}{1000}\right)^2 (L_{1000}) = \left(\frac{12}{1000}\right)^2 (88.5) = 12.74 \ \mu\text{H}$$

因此可達到所需最小的電感值12μH。

6-5　磁性放大器(MAGNETIC AMPLIFIERS)

　　有關磁性放大器(magnetic-amplifier)之技術在應用上已經有相當長的一段時間了，最近由於交換式穩壓器快速成長，使得磁性放大器又被再度應用更新，尤其是在多重輸出的交換式電源供應器上，其它組輸出若想獲得穩定之電壓，使用磁性放大器則是一個有效之解決方法。

　　事實上"磁性放大器"一詞確有令人產生誤解之意，此電路既不是放大器，亦不是電路上使用任何放大器來當做交換元件。所謂磁性放大器就是使用一電感性元件來當做一控制開關。因此，磁性放大器就是一個電抗器，其鐵心具有非常方形的 $B\text{-}H$ 遲滯特性。所以電抗器會操作在兩種不同的模式：當不在飽和狀態時，則具有很大之電感，能夠承受很大之電壓且幾乎沒有電流流過，而當處於飽和狀態時，感抗則降於零，因此會有電流流過，其它之電壓降幾近於零電位。

　　磁性放大器本身就是一個脈波寬度調變的降壓型穩壓器，而且須要一個輸出的LC濾波器來轉換PWM輸出成爲一直流之電壓。由於磁性放大器就是一個降壓型穩壓器，所以，在輸出端之電壓一定是比在經由穩壓器之前的電壓低。

　　磁性放大器可以應用在很多轉換器結構中，例如順向式、返馳式、推挽式以及以其它衍生出來之轉換器。

6-5-1　磁性放大器的操作
(Operation of the Magnetic Amplifier)

　　在圖6-18所示就是一個簡化的磁性放大器與其相對的波形圖。至於電路之操作方式則大致說明如下：

　　電路圖中之N_s為變壓器之次級繞組，其上之電壓V_1大小為±12V的方形波。在時間$t=0^-$時，電抗器L_c會在飽和狀態，且$V_2=V_3=12$

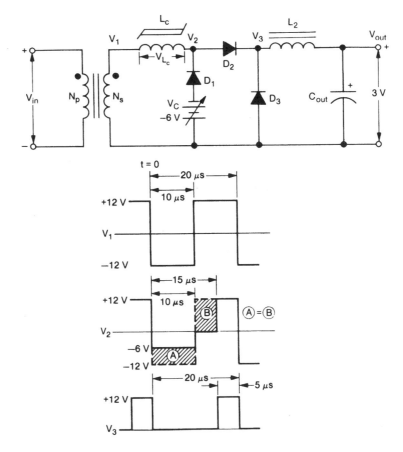

圖6-18　磁性放大器穩壓器與其波形圖

V(為了簡化起見二極體壓降不予考慮，在實際設計時則必須納入考慮)。在時間$t = 0^+$至$t = 10\mu s$期間，電抗器有電壓跨於其上，其值為$V_L = -12 - (-6) = -6V$，在此$V_c = -6V$。因此，在$10\mu s$期間會有一重置電流由V_c流至D_1然後流至電感器，並使得鐵心會離開飽和狀態，而重置所需之伏特-秒為60V-μs。

在時間$t = 10^+\mu s$時，V_c又會再度切換至正電位，且鐵心應該會被驅動至飽和狀態。但是此時鐵心確會被與非飽和狀態相同之伏特-秒乘積 60V-μs 來予以重置，所以會造成磁性放大器之波形前緣有5μs延遲。之後，在鐵心上之電壓才會驅動電抗器進入飽和狀態，並傳輸了5μs之輸出脈波。至於數學上之關係式則表示如下：

$$A = 6\,V \cdot 10\,\mu s = 60\,V\text{-}\mu s$$
$$B = 12\,V \cdot 5\,\mu s = 60\,V\text{-}\mu s$$

因此，輸出電壓為

$$V_{out} = V_{in}\left(\frac{t_{on}}{T}\right) = 12\left(\frac{5}{20}\right) = 3\,V$$

有一點非常重要就是磁性放大器的重置電流乃由鐵心與其圈數來決定，而非負載電流。所以，僅僅需要幾微安培之重置電流就可以控制較大安培之負載電流。事實上，在設計使用磁性放大器時，輸出電流至少要超過2A以上才會真正發揮它的經濟效益。

6-5-2　磁性放大器飽和電抗器的設計(Design of the Magnetic-Amplifier Saturable Reactor)

設計磁性放大器的飽和電抗器需要以下三個步驟：首先，決定計算出伏特-秒之Λ值；接著再選擇適當之鐵心；最後，再計算出電抗器所需之圈數。茲就這三個步驟詳細說明如下：

步驟 1：首先假設輸出電感器是設計在連續導通模式，至於電抗器則必須設計足夠延遲輸入波形之前緣，以便經整流濾波之後方可獲得所需之輸出電壓。此延遲之脈波部份就如同圖6-18所示之面積 B，我們將此抗力定義為 Λ，單位以 V-μs 來表示，所以

$$\Lambda = Vt \tag{6-16}$$

在此 V＝脈波之振幅，單位為V。

　　　t＝延遲之前緣時間，單位為μs。

在實際上之設計時，我們希望將 Λ 值增加20％，以因應輸出負載電流變大或變小之改變。

步驟 2：從輸出電流之大小來決定選擇所需之繞線尺寸。而一般是以500c.m./A(circular mils per ampere)之值來做設計選擇。接著下來就是要選擇鐵心之材料，並決定飽和之磁通密度 B_{max}。最好所選擇之鐵心材料，其外徑要小於1mil。在表6-3中則列出了許多常用之鐵心材料，讀者可自行參考之。至於繞滿因子(fill factor)K一般選擇範圍從0.1至0.3，若所用之繞線尺寸較大，則選擇較低之值。緊接著下來就是要選擇鐵心之尺寸，可由其面積乘積來決定之：

$$W_a A_c = \frac{A_w \Lambda 10^8}{2(B_{max})K} \tag{6-17}$$

在此 W_a＝鐵心窗型面積，單位為cm²。

　　　A_c＝鐵心有效面積，單位為cm²。

　　　A_w＝繞線的面積，單位為cm²。

$\Lambda =$ 所需之抗力，單位為V-s。

$B_{\text{msx}} =$ 鐵心之飽和磁通密度，單位為G。

$K =$ 繞滿因子。

表6-3　鐵心材料之比較

材料形式	磁通密度 (*Kilogausses*)	*Squareness*	矯磁力		*Gain****
			d.c.	*400 cps CCFR***	
Magnesil	15.0–18.0	0.85 up	0.4–0.6	0.45–0.65	130–220
Square Orthonol	14.2–15.8	0.94 up	0.1–0.2	0.15–0.25	310–715
48 Alloy	11.5–14.0	0.80–0.92	0.05–0.15	0.08–0.15	280–550
Square Permalloy 80	6.6–8.2	0.80 up	0.02–0.04	0.022–0.044	550–1650
Round Permalloy 80	6.6–8.2	0.45–0.75	0.008–0.02	0.008–0.026	250–715
Supermalloy	6.5–8.2	0.40–0.70	0.003–0.008	0.004–0.015	250–715
Supermendur	19–22	0.90 up	0.15–0.35	0.50–0.070	85–135
Metglas 2605SC	15–16	0.90 up	0.03–0.08	0.04–0.1	400–900
Metglas 2714A	5–6.5	0.90 up	0.008–0.02	0.01–0.025	750–2500

*The values listed are typical of .002″ thick materials (Metglas .001″) of the types shown. For guaranteed characteristics on all thicknesses of all alloys available, refer to Magnetics Inc.'s Guaranteed Tape Wound Core Characteristics Bulletin, which is available upon request, from the Components Sales Department, Magnetics Inc., Butler, Pa.

**400 cycle CCFR Coercive Force is defined as the H^1 reset characteristics described by the Constant Current Flux Reset Test Method in AIEE Paper #432.

***Gain is the 400 cycle core. Gain described by the Constant Current Flux Reset Test Method per AIEE Paper #432 for cores with ID/OD of .75 to .80.

Source: Courtesy of Hagnetics, Inc.

步驟3：利用下面之公式計算所需之圈數

$$N = \frac{\Lambda(10^8)}{2(B_{\max})A_c} \tag{6-18}$$

並利用下面之公式計算控制電流

$$I_c = \frac{(0.796)Hl_e}{N} \tag{6-19}$$

在此 H＝磁力，單位爲Oe。

l_e＝磁路長度，單位爲cm。

爲了讓讀者更加深磁性放大器之操作，則下面將舉一個例子來依照以上之步驟設計一個有效的磁性放大器。

例題6-7

試考慮圖6-19所示之順向轉換器與其波形圖。並設計一個磁性放大器來產生所需的12V穩壓輸出，輸出電流爲8A，交換頻率則爲100 kHz。

解：假設脈波高度 V_1 爲40V，交換頻率爲100kHz。爲了獲得12V之輸出，則在 V_2 之平均輸出電壓必須爲12V，因此，所需之正脈波之寬度則爲

$$PW = \frac{V_2}{(V_1)f} = \frac{12}{(40)(100 \times 10^3)} = 3\,\mu s$$

由圖6-19可以得知整個週期時間爲 $10\,\mu s$(頻率100kHz)，輸入之脈波寬度爲 $4\,\mu s$，而 "dead time" 則爲 $2\,\mu s$。

V_1 之脈波寬度爲 $4\,\mu s$，因此飽和電抗器 L_c 則必須延遲此波形之前緣 $1\,\mu s$，如此方可達到所需的 $3\,\mu s$ 脈波寬度。所以，此鐵心必須要能夠承受之抗力 Λ 之值爲

$$\Lambda = Vt = (40)(1) = 40\ V\text{-}\mu s$$

在鐵心重置期間，Λ 值必須與負半週之值相等。因此，爲了獲得的 Λ 值，則所需之反相電壓爲

$$V_R = \frac{40}{4} = 10\ V$$

所以，在負半週期之波形則會被二極體D_1箝制在$-40-(-10)=-30$V，如圖6-19所示之波形。

步驟 1：在前面已經計算出Λ值爲40V-μs，若考慮增加20％之誤差值，則Λ值變爲48V-μs。

步驟 2：計算飽和電抗器所需之繞線尺寸，我們可以由計算輸出電流之均方根值(rms)來得知。工作週期$\delta=12/40=0.3$，則均方根電流爲

$$I_{rms} = \sqrt{I^2\delta} = \sqrt{(8)^2(0.3)} = 4.4 \text{ A}$$

使用500c.m./A做爲計算標準，則繞線面積爲500c.m./A $\times$ 4.4A＝2200c.m.。從表5-2可以得知，可以選擇AWG#16之繞線。

同時，我們所選擇之鐵心材料爲Square Permalloy 80，此材料具有較低之矯磁力(coercive force)，並且具有非常方形的B-H迴路，其飽和磁通密度爲$B_{max}=7000$G(見表6-3所示)。由(6-17)式我們可計算出W_aA_c之值爲

$$W_aA_c = \frac{(2200)(48)(10^{-6})(10^8)}{2(7000)(0.1)} = 75.4 \times 10^2 \text{ c.m. cm}^2$$
$$= 0.00754 \times 10^6 \text{ c.m. cm}^2$$

注意由於使用較大的AWG #16之繞線尺寸，所以，繞滿因子K選擇0.1較爲恰當些。

在選擇鐵心大小時必須大於所計算的W_aA_c之值0.00754$\times 10^6$c.m. cm^2，而且轉換器之頻率高達100kHz，因此選擇使用帶狀厚度爲0.0005in(½mil)之鐵心。

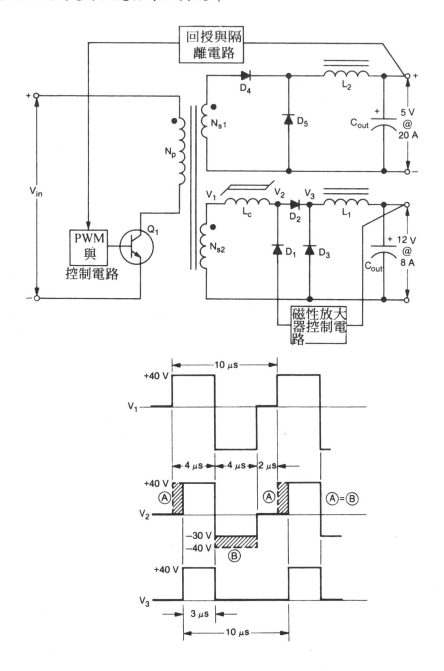

圖6-19　100kHz之順向式轉換器並使用磁性放大器來設計輸出電路，圖中所示為磁性放大器相關之波形圖

表 6-4　高頻磁性放大器之鐵心

鐵心型號	尺寸						鐵心損失 (w) @ 50 kHz, 2000 gauss (max.)	l_e cm	A_c cm²	W_a cr m	鐵心重量 grams	$W_a A_c$ cr m cm² ($\times 10^{-6}$)
	I.D. (in.)		O.D. (in.)		Ht. (in.)							
	Core	Case (min)	Core	Case (max.)	Core	Case (max.)						
50B10-5D	0.650	0.580	0.900	0.970	0.125	0.200	0.118	6.18	0.051	308,000	2.7	0.0157
50B10-1D	0.650	0.580	0.900	0.970	0.125	0.200	0.22	6.18	0.076	308,000	4.0	0.0234
50B10-1E	0.650	0.580	0.900	0.970	0.125	0.200	0.092	6.18	0.076	308,000	3.5	0.0234
50B11-5D	0.500	0.430	0.625	0.695	0.125	0.200	0.044	4.49	0.025	142,000	1.0	0.0035
50B11-D	0.500	0.430	0.625	0.695	0.125	0.200	0.083	4.49	0.038	142,000	1.5	0.0054
50B11-1E	0.500	0.430	0.625	0.695	0.125	0.200	0.034	4.49	0.038	142,000	1.3	0.0054
50B12-5D	0.375	0.305	0.500	0.570	0.125	0.200	0.035	3.49	0.025	99,000	0.8	0.0025
50B12-1D	0.375	0.305	0.500	0.570	0.125	0.200	0.066	3.49	0.038	99,000	1.2	0.0038
50B12-1E	0.375	0.305	0.500	0.570	0.125	0.200	0.027	3.49	0.038	99,000	1.04	0.0038

注意：這些鐵心是特別設計做為磁性放大器之用 ($5D = \frac{1}{2}$ mil permalloy，$1D = 1$mil permalloy，$1E = 1$mil)

METGLAS ALLOY 2714A

　　在表6-4所示乃爲使用在高頻磁性放大器之鐵心。所以，由此表可以得知我們在例子中則可選擇50B10-5D之鐵心。鐵心選擇出來了，接下來就可利用(6-18)式來計算所需之圈數　因此

$$N = \frac{\Lambda(10^8)}{2(B_{max})A_c} = \frac{48 \times 10^{-6} \times 10^8}{2(7000)(0.051)} = 6.7 \ \text{圈}$$

所以，使用7圈來繞製。

　　爲了設計控制電路，則需估算所需重置鐵心之電流，磁化電流計算好了之後就成磁性放大器之設計。

　　由圖6-20可以得知，½mil之鐵心操作在 100kHz 之頻率時，其磁

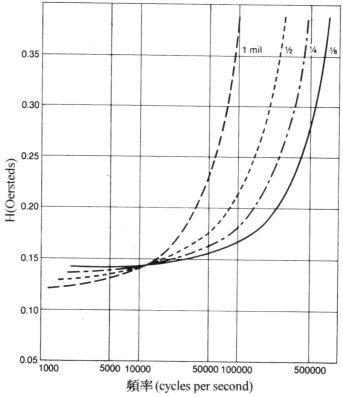

圖 6-20　使用方波電流驅動之 Permalloy 80 鐵心，其磁化力與頻率之曲線圖

化力$H=0.215\text{Oe}$。所以，控制電流為

$$I_c = \frac{(0.796)Hl_e}{N} = \frac{(0.796)(0.215)(6.18)}{7} = 0.15 \text{ A}$$

注意在此例子中所設計之電路僅可達到穩壓之程度。當增加了關閉作用的短路保護或是使用外部邏輯信號來做截止動作時，則需要之抗力Λ乃為整個正輸入脈波之面積，此值為$=(40\text{V})(4\mu\text{s})=160\text{V-}\mu\text{s}$，當然前面所計算的一些數值，則必須隨著$\Lambda$值之不同重新計算。

　　如前面所述，磁性放大器乃為一降壓型之穩壓器，也就是說其輸出電壓一定會比輸入電壓低。由於磁性放大器之功率損失非常小，所以，此種電路非常適合應用在低電壓、高電流之輸出，例如3V或更低之電壓，亦可獲得較高之效率。所以，磁性放大器可以廣範地應用在交換式電源供應器之設計上。

6-5-3　磁性放大器的控制電路
(Control Circuits for Magnetic Amplifiers)

　　在圖6-21所示就是一個基本的磁性放大器之控制電路，可將順向式轉換器之輸出予以穩壓。在此電路中，飽和鐵心的重置是經由電晶體Q_1與其周邊元件所組成。所以，在電壓波形負半週期間，電晶體Q_1會導通，電流則會流經R_1與D_3，並將飽和鐵心L_c予以重置。而此重置之磁通準位會被電晶體等效電阻所控制，而此值則為輸出電壓與參考電壓之間的函數。

　　圖6-21電路之缺點就是會受溫度變化之影響，而且在較大負載變化下會有振盪之情況發生。在圖 6-22 所示之電路就可以解決上述所提到之問題。此電路中之電阻 R_E 可以降低電晶體之互導(transconductance)，並可使得轉移函數獨立不受影響。另外，圖6-22之電路則具有"前置負載(preload)"之特性，也就是說在沒有輸出負載之情況下，可以防止電抗器之磁化電流將輸出之電壓予以昇高。

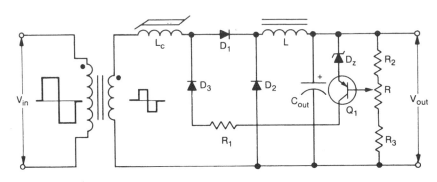

圖 6-21　磁性放大器的電晶體控制電路

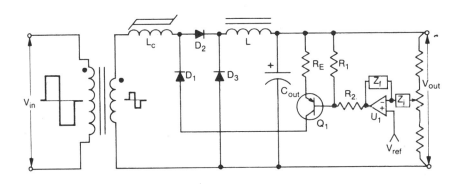

圖 6-22　改進磁性放大器之控制電路

至於回授網路Z_f與Z_i可以利用第九章所提之技巧來設計之，使其迴路達到穩定之程度(見例題6-8)。

全波飽和鐵心的穩壓電路也非常容易設計。在圖6-23所示就是一個全波輸出的磁性放大器電路，全波的電路可以應用在推挽式或是橋式轉換器之結構中。注意在這個電路中是使用一個控制電路來重置兩個分開的飽和鐵心。

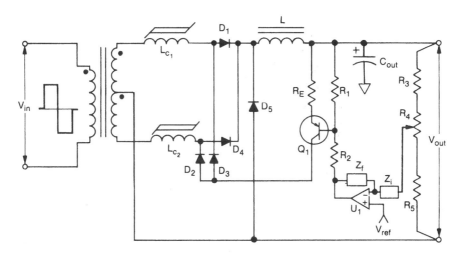

圖6-23　全波輸出之磁性放大器控制電路

6-5-4　UC1838磁性放大器的控制器(The UC-1838 Magnetic-Amplific Controller)

　　Unitrode公司曾經推出一個磁性放大器的控制器，此IC為UC1838，函蓋了所有之功能，因此可以製作出一個高性能之磁性放大器，亦可視實際需要加入獨立之電流限制的控制電路。圖6-24所示就是UC1838之方塊圖。

　　因此，我們將此IC之基本功能簡述如下：

1. 具有獨立、精確之參考電壓2.5V。此參考電壓是以能帶隙(band gap)之方式設計，因此，其精確度在1％範圍內，電源電壓之操作可從4.5V至40V之範圍。

2. 具有兩個高增益之運算放大器。而運算放大器之輸入範圍從0.3V至V_{cc}，且電流汲入(current-sink)之能力會大於1ma，迴轉率(

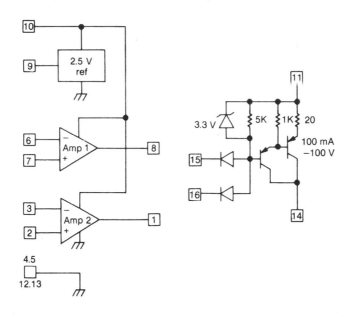

圖6-24　UC1838磁性放大器控制IC

slew rate)則為0.3V-μs。放大器之增益頻寬為800kHz，若需要較大之迴路增益則可串接使用。

3. 具有高壓PNP重置電流驅動電路。此驅動電路重置電流之能力可以高達200ma，集極承受電壓之能力則高達80V。由於重置驅動電路內部之射極具有降低電晶體互導之作用，因此，其操作就有如一互導放大器(transconductance amplifier)可提供重置電流之用，並為輸入電壓之函數。在圖 6-25 所示就是使用 UC1838 IC 設計的磁性放大器電路。此電路也提供了獨立的電流限制之控制功能。

下面我們將舉一個例子來說明磁性放大器之回授控制器之設計。至於有關放大器迴路分析的K因子技巧，將在第九章中予以詳述。

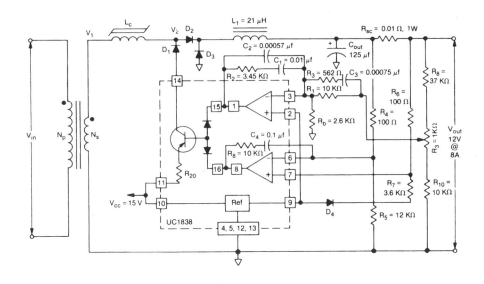

圖6-25　在例題6-8中，以UC1838設計磁性放大器之控制電路，並具有電流限制
　　　　之功能

例題6-8

考慮如圖6-19所示之順向式轉換器電路，其規格如下：

　　AC輸入電壓：90V至135V或是180V至265V

　　輸出規格：5V @ 20A，12V @ 8A(I_{min}＝1A)

　　交換頻率：100kHz

試利用UC1838 IC設計磁性放大器之控制迴路，而12V @ 8A輸出之
磁性放大器就如例題6-7所示。

解：電流限制的控制電路與磁性放大器之控制電路則示於圖6-25中。
　　　至於AC輸入的整流濾波則如圖2-1所示之電路結構，此時在AC
　　　輸入電壓最低情況下，提供至順向式轉換器交換電晶體的直流輸
　　　入電壓乃為252V減去52V之直流漣波電壓，且整流器之電位降

$= 200\text{V dc}$。

接著下來，我們來計算變壓器一次側之圈數，若所使用之鐵心為 3622-PL00-3C8 Ferroxcube pot core，其 $A_c = 2.02\text{cm}^2$，則

$$N_p = \frac{(V_{\text{in,min}})10^8}{2fB_{\text{max}}A_c} = \frac{200 \times 10^8}{2 \times 100 \times 10^3 \times 1.8 \times 10^3 \times 2.02} = 28 \text{ 圈}$$

在變壓器次級繞組中，由於磁性放大器要獲得 12V 之輸出電壓，所以，變壓器繞組上之電壓 $V_1 = 40\text{V}$，因此，N_{22} 之繞組圈數計算如下：

$$n = \frac{N_p}{N_{s2}} = \frac{V_{\text{in,min}}}{40}; \qquad N_{s2} = 40\frac{N_p}{V_{\text{in,min}}} = 6 \text{ 圈}$$

濾波電感器 L_1 之計算須以最大之 off 時間做為考慮。由 (6-13) 式可計算 t_{off} 之值如下：

$$t_{\text{off}} = \frac{1 - (V_{\text{out}}/V_1)}{2f} = \frac{1 - (12/40)}{2 \times 100 \times 10^3} = 3.5 \ \mu\text{s}$$

由 (6-14) 式則可得出 L_1 之值為：

$$L_1 = \frac{V_{\text{out}}(t_{\text{off}})}{(0.25)I_{\text{out}}} = \frac{12(3.5 \times 10^{-6})}{(0.25)8} = 21 \ \mu\text{H}$$

如果輸出之漣波電壓為 0.2V，則由 (6-21) 式可以計算所需之輸出電容值為：

$$C_{\text{out}} = \frac{I_{\text{out}}}{8f(\Delta V_{\text{out}})} = \frac{2}{8 \times 100 \times 10^3 \times 0.2} = 12.5 \ \mu\text{F}$$

此電容器之 ESR 值為：

$$\text{ESR} = \frac{0.2}{12} = 0.016 \ \Omega$$

此ESR值非常低，因此，我們必須調整電容器之電容值大小，方可獲得所期望之結果。在此我們使用比原來計算大10倍之電容值，此值為125 μ F，可藉著並聯鉭質電容來達到此電容值。在整個交換式電源供應器中，所使用的PWM IC為Unitrode公司的UC1524A。此IC之控制電壓V_c會與鋸齒斜坡電壓V_s(2.5V)做比較，以建立驅動電晶體Q_1之PWM信號。對順向式轉換器而言，PWM IC的兩個輸出，僅要使用其中一個即可。為了使最大之工作週期限制低於50％，因此，變壓器之鐵心必須予以重置。所以

$$\delta = \frac{0.5V_c}{V_s} = \frac{0.5V_c}{2.5} = \frac{V_c}{5}$$

由於順向式轉換器乃為降壓型穩壓器之衍生電路，因此輸出電壓與輸入電壓、工作週期之關係為

$$V_{\text{out}} = \frac{(V_{\text{in,max}})\delta}{n} = \frac{(V_{\text{in,max}})V_c}{n2V_s}$$

為了得到12V輸出的增益表示式，將上式對V_c予以微分，則

$$\text{Gain} = \frac{V_{\text{in,max}}}{n2V_s} = \frac{380}{(4.67)5} = 16.3$$

或是　　$\text{Gain}_{\text{dB}} = 20 \log 16.3 = 24.2 \text{ dB}$

至於12V輸出濾波器之轉角頻率(corner frequency)為

$$f_c = \frac{1}{2\pi\sqrt{L_1 C_{\text{out}}}} = \frac{1}{6.28\sqrt{21 \times 25 \times 10^{-12}}} = 3.1 \text{ kHz}$$

在圖6-26所示乃為輸出濾波器轉移函數與其相移之波德圖(Bode Plots)。

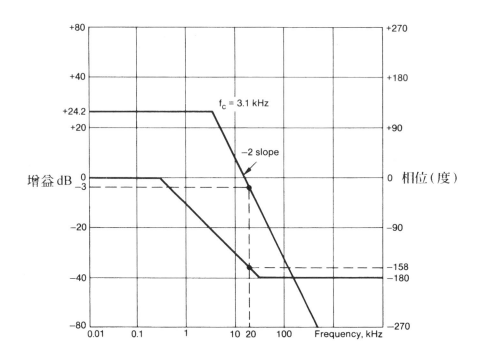

圖 6-26　在例題 6-8 中，濾波器轉移函數與相位移之波德圖

若選擇第 3 型式之放大器(詳見第九章)，且單位增益之交越頻設定在交換頻率 1/5 之處(也就是 20kHz)，如此則可決定出回授放大器所需的增益與相位。由圖 6-26 可以得知，調變器在 20kHz 之處，其增益爲 0.7 或是 − 3dB，且相位移爲 158°。

在第九章中我們會提到，在交越頻率所需的相位邊限(phase margin)至少要有 60°。因此，從(9-43)式可以得知所需提升的相位爲

$$\text{Boost} = M - P - 90 = 60 - (-158) - 90 = 128°$$

在 20kHz 單位增益交越頻率的增益大小剛好是調變器增益的相反數值，也就是 + 3dB 或是 $G = 1.4$(見圖 6-27)。

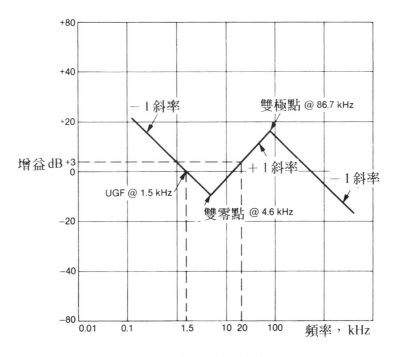

圖6-27　回授放大器之波德圖

利用(9-49)式至(9-54)式，並假設$R_1 = 10\text{k}\,\Omega$，則所需之回授放大器之零件值可以計算如下：

$$K = \left\{ \tan\left[\left(\frac{\text{boost}}{4} \right) + 45 \right] \right\}^2 = \left\{ \tan\left[\left(\frac{128}{4} \right) + 45 \right] \right\}^2 = 18.8$$

$$C_2 = \frac{1}{2\pi f G R_1} = \frac{1}{(6.28)20 \times 10^3 \times 1.4 \times 10 \times 10^3} = 0.00057\,\mu\text{F}$$

$$C_1 = C_2(K - 1) = 0.00057(18.8 - 1) = 0.01\,\mu\text{F}$$

$$R_2 = \frac{\sqrt{K}}{2\pi f C_1} = \frac{\sqrt{18.8}}{(6.28)20 \times 10^3(0.01)10^{-5}} = 3.45\,\text{k}\Omega$$

$$R_3 = \frac{R_1}{(K - 1)} = \frac{10 \times 10^3}{(18.8 - 1)} = 562\,\Omega$$

$$C_3 = \frac{1}{2\pi f \sqrt{K} R_3} = \frac{1}{(6.28)20 \times 10^3\sqrt{18.8}(562)} = 0.00075\,\mu\text{F}$$

$$\text{UGF} = \frac{1}{2\pi R_1(C_1 + C_2)} = \frac{1}{(6.28)10 \times 10^3(0.0106) \times 10^{-6}} = 1.5 \text{ kHz}$$

在圖6-27所示就是此放大器之轉移函數圖。兩個零點與兩個極點之頻率分別為

$$f_z = \frac{f}{\sqrt{K}} = \frac{20 \times 10^3}{\sqrt{18.8}} = 4.6 \text{ kHz}$$

且　　　$f_p = f\sqrt{K} = (20 \times 10^3)\sqrt{18.8} = 86.7 \text{ kHz}$

回授放大器之波德圖則示於圖6-27中。此放大器增益頻寬之乘積

為　　　$\text{GBW} = KGf = (18.8)(1.4)(20,000) = 526.4 \text{ kHz}$

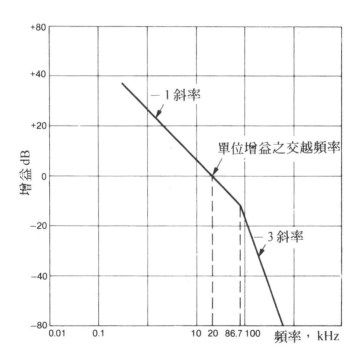

圖6-28　整個系統迴路增益之波德圖

由於UC1838之GBW是在800kHz，因此，設計上之需求可以符合此放大器。整個系統迴路增益之波德圖則示於圖6-28中。

在電流限制部份則使用一樣精密之繞線電阻0.01 Ω /1W串聯在線路上來偵測之。此電路可以提供適當之過載保護。當然若輸出電流比較大時，在此偵測電阻上就會有比較大之功率損失，因此，解決之道就可以改用電流檢測之變壓器來驅動電流限制放大器之輸入端。在此情況下，電流檢測變壓器就必須置於V_2與二極體D_2陽極之間。

6-6　輸出濾波電容器的設計(DESIGNING THE OUTPUT FILTER CAPACITOR)

輸出濾波電容器的選擇，全視所使用的轉換器的型式與最大操作電流，以及轉換頻率而定。目前大多數應用上都是使用電解電容器(electrolytic capacitors)，這是因為它有較低的ESR值，濾波電容器的ESR值會直接影響到漣波的輸出，而且也會影響到其本身的壽命，這是由於ESR是屬於功率消耗要素之一，因此其功率損失在其內會產生熱，而會漸漸地縮短電容器的壽命。

目前的電容器溫度額定值都可高達105℃，而且在頻率20kHz以上也有非常低的ESR值，當轉換器的操作頻率開始增加時，大多數的電容器製造廠商都可以提供低ESR值的電解電容器，而且在100kHz時亦能保證其性能。由於被動元件技術的改進，目前的趨勢是研究發展出50kHz以上頻率的薄膜型式的電容器(film type capacitors)，它能提供較高的電流容許值。薄膜電容器有極低的ESR值，而且其它的特性都會優於電解電容器,已經有些電容器製造商自稱能做出工作頻率100kHz以上,電流容許值可達2A/μF的薄膜電容器。

下面將分析計算電容值大小,我們將不考慮輸出濾波電容器的型式,在圖6-15(c)為輸出電容器C_{out}的電流波形,其平均的中間值約為零,而振幅為ΔI,在正方向t_1時間電流波形會通過零參考點,且剛好位於ON時間的中間之處。而在負方向t_2時間電流波形會通過零參考點,且剛好位於OFF時間的中間之處,如此電流將會產生ΔV的漣波電壓,可由以下(6-20)式得到

$$V_{out} = \frac{1}{C_{out}} \int_{t_1}^{t_2} i \, dt \tag{6-20}$$

但是在t_1與t_2期間平均電流為$(\Delta I_{out}/2)/2$或$\Delta I_{out}/4$,因此將(6-20)式積分可得到

$$V_{out} = \frac{I_{out}}{4C_{out}} \frac{T}{2} = \frac{(\Delta I_{out})T}{8C_{out}} = \frac{\Delta I_{out}}{8fC_{out}}$$

在此T為整個週期時間,也就是ON時間t_1與OFF時間t_2,這二者的總和時間。

將上式重新整理,可得最小的輸出電容值為

$$C_{out} = \frac{\Delta I_{out}}{8f\Delta V_{out}} \tag{6-21}$$

在此　　　ΔI_{out}:$0.25I_L$;I_L為規定的輸出電流

　　　　　ΔV_{out}:允許的峰對峰輸出漣波電壓

　　　　　f:操作頻率

為了確使最小的漣波電壓輸出,則電容器的ESR值,可以由以下的關係計算得知:

$$\text{ESR}_{\max} = \frac{\Delta V_{\text{out}}}{\Delta I_{\text{out}}} \qquad\qquad (6\text{-}22)$$

　　正確地選擇 LC 濾波器之值，此乃一大重要之課題，因為它會影響到轉換式電源供給器性能的二個重要參數，首先，LC 濾波器的組合對整個轉換系統的穩定度(stability)來說，會有很大的影響，詳見第九章。其次，較小的電感值 L 與較大的電容值 C 會產生低的輸出濾波器的突波阻抗值(surge impedance)，這也就是說由於負載的步級變化，電源供給器會有較好的暫態響應(transient response)。

　　事實上，測量轉換式電源供給器的暫態響應乃為一重要的要素之一。它在一個步級負載變化期間裏，輸出回復祗需很短的時間，但是，它卻會大大地遠離輸出電壓的標稱值(nominal value)。例如5V的直流輸出電壓，如果在25％負載變化期間裏，下陷的電壓超過250mV，則此5V電壓就不適用於TTL的電路，在真正的應用上，我們所提供的此負載變化也是被預期的。

例題6-9

　　試計算例題6-5半橋式轉換器輸出濾波電容器的電容值與ESR值，所允許的最大輸出漣波電壓為100mV。

解：利用(6-21)式我們可得

$$C_{\text{out}} = \frac{5}{8 \times 20 \times 10^3 \times 0.1} = 0.3125 \times 10^3 = 312.5\ \mu\text{F}$$

由(6-22)式可得

$$\text{ESR}_{\max} = \frac{0.1}{5} = 0.02\ \Omega$$

　　雖然我們計算出來的最小輸出電容值為312μF，在理論上已能夠適用，不過在實際經驗上，我們都會取稍微高一點的電容值來達到所需的額定　事實上當使用電解電容器時，在頻率20kHz人約300μF/A最小值乃較為實在之值。

　　我們可以使用二個以上的電容器並聯在一起，而獲得所需的電容值，並且能夠減少ESR至極低之值，在任何情況，都要仔細地做最後電路的測試，而且要精確地改進原型設計電路之缺失，如此便能獲致最佳之結果，至於以上所列之公式將給設計者做首次近似設計最好的開始。

第七章

轉換式穩壓器的控制電路 (SWITCHING RECULATOR CONTROL CIRCUITS)

7-0 概論(INTRODUCTION)

目前大多數的轉換式電源供給器都為脈波寬度調變(PWM)的型式。此種方法乃改變轉換電晶體的導通時間，並在ON期間裏來控制及調整輸出電壓至預定之值。雖然也可用其它的方法來做控制與穩壓，但是PWM的方法能提供極優的性能，例如較緊密的線路，較好的負載穩壓率，而且在溫度變化時有較好的穩定度。

最近幾年來，有許多積體電路被發展出來，它們包含了設計整個轉換式電源供給器所需之功能，只要增加一些外部的元件，我們就可以設計出轉換式電源供給器了。本章目的就是要介紹讀者了解一些轉換式電源供給器PWM的控制方法與電路，並詳細說明此種控制是如何達成的。

7-1 轉換式穩壓器系統的隔離方法 (ISOLATION TECHNIQUE OF SWITCHING REGULATOR SYSTEMS)

非線上穩壓的轉換式電源供給器具有雙重的任務，首先，它必須能獲得好的穩壓與低位準的輸出電壓，並能夠將功率傳遞至電子電路或電機機械(electromechanical)電路的裝置上。其次，它必須具有高輸入至輸出之隔離，此乃由於在高電壓或洩漏電流情況下，可用來保護使用者免於受電震的危險。

在圖7-1所示為兩個不同的方塊圖，圖中乃為轉換式電源供給器不同的隔離方法，方塊圖中共地之處則以相同的接地符號來表示，這些方塊圖乃為一般性的結構,可用於轉換式電源供給器的任何基本型態,如半橋式、全橋式、返馳式或是順向式電路等。

在圖7-1(a)的方塊圖中,誤差放大器、PWM、控制電路,會與輸出整流器,濾波器有共地存在,至於輸入至輸出之間的隔離,乃由功率變壓器T_1與驅動變壓器T_2來達成,一般變壓器T_2為基極或閘極驅動。在圖7-1(b)中的方塊圖,控制電路、PWM會與轉換元件、輸入整流器、濾波器有共地存在,至於輸入至輸出之間的隔離,乃由功率變壓器T_1與光隔離器(optoisolator)來達成。

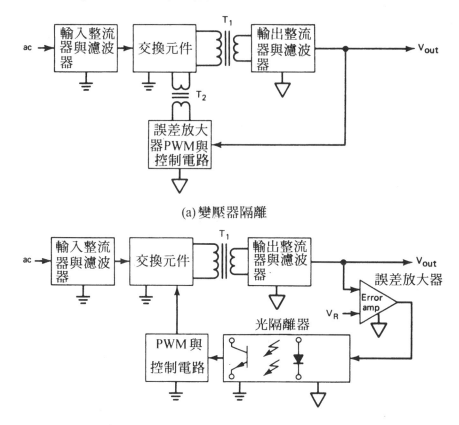

(a) 變壓器隔離

(b) 光耦合隔離方法用於非線上轉換式電源供給器上

圖7-1

在圖7-1中的兩種隔離方法，如果電路都能設計良好，則會有很好的功能特性，至於要選擇何種隔離方法，則主要植基於經濟效益與轉換式電源供給器的設計型式而定。一般在圖7-1(a)的變壓器隔離電路可以用在各種不同的功率轉換器設計上，而在圖7-1(b)的光隔離器電路大部份會用在返馳式與順向式轉換器的設計上。

7-2 脈波寬度調變(PWM)系統 (PWM SYSTEMS)

雖然轉換式電源供給器可以用許多轉換的方法來達成，但是使用固定頻率的PWM方法卻是最受歡迎的一種。在PWM系統中所產生的方形脈波可用來推動轉換電晶體至ON或OFF狀態，因此，我們藉著改變脈波的寬度，則轉換電晶體的導通時間就會適當地增加或減少，如此輸出電壓就可達穩壓狀態。

PWM控制電路可以是單端的型式，能夠驅動單一電晶體的轉換器，如返馳式或順向式轉換器。如果有二個以上的電晶體被驅動，則可使用半橋式或全橋式電路，如此就需要用到雙波道PWM電路。

7-2-1 單端的、不連續的元件、PWM控制電路 (A Single-Ended, Discrete Component, PWM Control Circuit)

在圖7-2所示為一個非常簡單封閉迴路的返馳式轉換電源供給器，其PWM控制電路可以用少量的不連續元件與半導體電路來達成，這個電路的功能如下所述。時鐘脈波產生器IC_1會產生固定頻率20

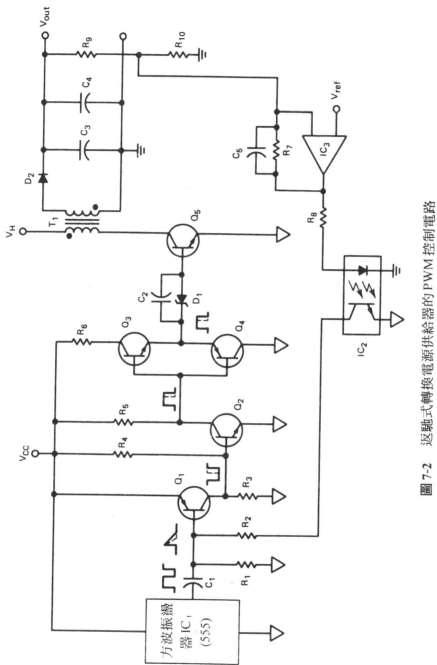

圖 7-2 返馳式轉換電源供給器的 PWM 控制電路

kHz的不對稱方波輸出，此產生器可以用555計時器或是等效電路，就能很容易設計出來。

此方波可經由電容器C_1與電阻器R_1微分而產生鋸齒波形(sawtooth waveform)，並能將導通的電晶體Q_1轉換至OFF狀態，因此，在電晶體Q_1的集極端會有負的脈波電壓產生，Q_2電晶體又將此負的脈波電壓反轉，所以在Q_2的集極就會有正電壓產生。

由電晶體Q_3與Q_4所組成的低阻抗輸出驅動器，可用來開關主要的轉換電晶體至ON與OFF狀態，如此就能經由變壓器——扼流圈T_1將能量轉移至轉換器的輸出。我們可將輸出電壓經由分壓電路(由電阻R_9與R_{10}組成)與一個固定的參考電壓做比較，而達成電路的穩壓效果。由於線電壓或是負載的變化會引起輸出的改變，此變化的信號經由運算放大器IC_3放大後，可用來驅動光耦合器IC_2的光二極體(photodiode)，並調變其光的強度，因此可強制使得IC_2的光電晶體更加難以導通。如此在Q_1電晶體基極的方形脈波會被大大地予以微分，這會使得電晶體Q_1、Q_2與Q_4的導通時間增長，然而電晶體Q_4與Q_5會被開關導通至較短的週期。因此，脈波寬度是依負載與線電壓變化情況來做調變，而使得輸出電壓獲得穩定。

圖7-2所示是最簡單的電路，當然若真正地應用於轉換式電源供給器上，則還需做一些精細的電路改善。

7-2-2　積體電路PWM控制器 (An Integrated PWM Controller)

近年來已經有許多積體電路被發展研究出來，它包含了所有一切必要之功能，且為單一包裝的型式，因此，祇要增加一些外部的元件，就能構成PWM系統的轉換式電源供給器。圖7-3所示爲PWM控制器簡單的基本方塊圖與電路的波形圖。電路的操作功能如下所述：誤差運算放大器的作用就是將電源供給器的回授輸出信號與固定參考電壓V_{ref}做比較，此輸出放大的誤差信號會進入比較器的反相輸入端，而比較器的非反相輸入端，則爲具有線性斜率的鋸齒波形，此鋸齒波乃由固定頻率的振盪器所產生，而振盪器的輸出信號亦會送入正反器(flip-flop)中，並產生Q與$\overline{Q}$的方法輸出。

　　比較器的方波輸出與正反器的輸出信號，此二者可用來驅動AND閘，當AND閘的兩輸入端都在"高電位"，時，輸出才會在高電位。因此，在波道A與波道B會獲得可變工作週期的脈波輸出，在圖7-3(b)可看出，當誤差信號(error signal)改變其振幅時(如圖中的虛線所示)，其輸出脈波寬度會隨著改變。一般PWM控制器的輸出會以外部緩衝的方式來驅動主要的功率轉換電晶體，此種型式的電路可用來驅動兩個電晶體或是單一的電晶體，而電路最後輸出的信號可以用外部OR的方式，或是僅使用單一波道的方式來當做驅動器。

　　PWM控制器的優點是，它含有可規劃的固定頻率振盪器，工作週期可由0％變化至100％的線性PWM電路，可調整的截止時間(dead time)以防止輸出電晶體同時導通，而且它的電路結構簡單，可靠度高，價格便宜。

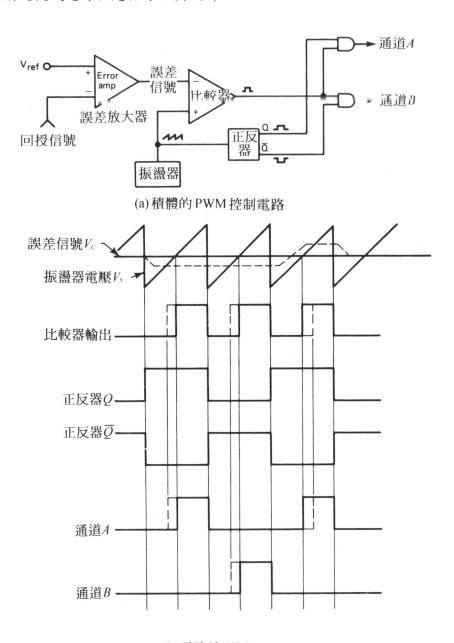

(a) 積體的 PWM 控制電路

(b) 電路波形圖

圖 7-3

7-3　應用於商業上的單石PWM控制電路 (SOME COMMERCIALLY AVAILABLE MONOLITHIC PWM CONTROL CIRCUITS AND THEIR APPLICATIONS)

在1970年代初期，轉換式電源供給器開始擴大其商業市場，此時積體電路製造廠商開始嘗試以單一晶片來製造提供PWM控制電路，首先出現於市場上的PWM控制電路為Motorola公司的MC3420轉換模式的穩壓器控制電路，與Silicon General公司SG3524的PWM控制電路，此種型式的控制電路已成為工業上的標準(industry standard)。

PWM控制器乃為整個轉換式電源供給器的心臟部份，不僅可用於單端式，亦可為雙波道的應用，不久之後製造廠商也開始推出改良過且更具特性與特色的PWM控制電路，例如德州儀器公司(Texas Instruments)就是改良SG3524而推出TL494 PWM控制電路，其所提供的特色為可調整截止時間的控制電路，輸出電晶體具有高汲出或汲入的能力，改進電流限制的控制能力，及輸出操縱控制電路等。

以我們所介紹過的功率型MOSEFT來說，首先PWM控制電路是以圖騰極(totem-pole)輸出出現，能夠直接驅動雙極式，而且也能夠直接來驅動MOSFETs。例如SG1525 A與SG1526系列，除了先前所提到控制電路的一些特色外，而這些新的IC_s亦增加了一些特色，如欠壓鎖定(undervoltage lockout)，可規劃的柔和起動，數位電流限制，以及操作頻率可達至400kHz。

　　雖然以上所述的所有電路可被應用於流行的轉換模式技術上，但是最近有些公司已推出極佳的PWM控制器，在順向式或返馳式功率轉換器上具有很高的效率。此種電路為Motorola公司的MC34060 PWM控制器，此種控制器包含了所有的特色。因此，僅需使用極少量的外部元件，就能實現完成順向式或返馳式的設計。

　　另外一種電路為Unitrode公司的UC1840系列，此種控制電路在單端式功率轉換器的設計上具有很好的效果，而且PWM控制電路包含了所有的控制、驅動、偵測與保護的功能。因此，僅需在外部增加一些被動元件，就能構成一個完整的轉換式電源供給器。此種控制器的特色為低電流，非線上起動電路；且具有過電壓(overvoltage)、欠電壓(undervoltage)與過電流(overcurrent)保護電路；而前饋的線穩壓率(feed-forward line regulation)可超過4：1的輸入範圍；操作頻率可達500kHz等。

　　在下一節中我們將描述一些PWM控制積體電路的功能，讓讀者能對這些控制電路更熟悉來操作，不過在此僅做概略性的描述，讀者若要獲得更詳細的設計資料，可參考每一家製造廠商的資料手冊，如此在特殊的應用設計上，才能選擇出最佳的PWM IC控制器。

7-3-1　TL494 PWM控制電路
(The TL494 PWM Control Circuit)

　　TL494為固定頻率的PWM控制電路，它結合了全部方塊圖所需之功能，在轉換式電源供給器裏可單端式或雙波道式的輸出控制。圖7-4所示為TL494控制器的內部結構與方塊圖，其內部的線性鋸齒波振盪器乃為頻率可規劃式(frequency-programmable)，在腳5與腳6連接兩

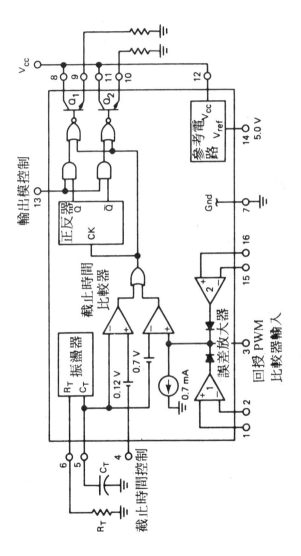

圖 7-4　TL494 PWM控制器的內部方塊圖（由 Motorola Semiconductor
Products，Inc. 提供）

個外部元件 R_t 與 C_t，即可獲得所需之頻率，其頻率可由下式計算得知

$$f_{osc} = \frac{1.1}{R_t C_t} \tag{7-1}$$

輸出脈波寬度調變之達成可藉著在電容器 C_t 端的正鋸齒波形與兩個控制信號中的任一個做比較而得之。電路中的 NOR 閘可用來驅動輸出電晶體 Q_1 與 Q_2，而且僅當正反器的時鐘輸入信號是在低準位時，此閘才會在有效狀態，此種情況的發生也是僅當鋸齒波電壓大於其控制信號電壓的期間裏。因此，當控制信號的振幅增加時，此時也會一致引起輸出脈波寬度的線性減少，如圖 7-5 所示的波形圖。

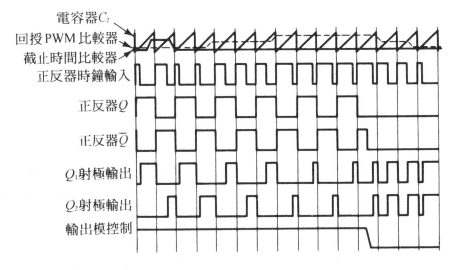

圖 7-5 TL494 PWM 控制器時序波形圖

外部輸入端的控制信號可輸入至腳 4 的截止時間控制端，與腳 1、2、15、16 誤差放大器的輸入端，其輸入端點的抵補電壓為 120mV，其可限制輸出截止時間至最小值，大約為最初鋸齒波週期時間的 4%。因此，當 13 腳的輸出模控制端接地時，可獲得 96% 最大工作週期，

而當13腳接至參考電壓時，可獲得48％最大工作週期。如果我們在第4腳截止時間控制輸入端設定一個固定電壓，其範圍由0V至3.3V之間，則附加的截止時間一定出現於輸出上。

　　PWM比較器提供一個方法給誤差放大器，乃由最大百分比的導通時間來做輸出脈波寬度的調整，此乃藉著設定截止時間控制輸入端降至零電位，而此時在回授輸入腳的電壓變化可由0.5V至3.5V之間，此二個誤差放大器有共模態(common-mode)輸入範圍由－0.3V至(V_{cc}－2)V，而且可用來檢知電源供給器的輸出電壓與電流。

　　誤差放大器的輸出會處於高主動狀態，而且在PWM比較器的非反相輸入端與其誤差放大器輸出乃為或(OR)運算結合。依此電路結構，放大器需要最小輸出導通時間，此乃抑制了迴路的控制，通常第一個誤差放大器都使用參考電壓和穩壓輸出的電壓做比較，其環路增益可依靠回授來控制。而第3腳通常用做頻率的補償，它主要的目的是為了整個環路的穩定度，有一點要特別注意的是，運用回授時必須避免第3腳汲入過載電流大於600μA，否則最大脈波寬度將會被不正常的限制，此兩種誤差放大器都可利用，不管是正向或反向放大都可用來穩壓。

　　第二個誤差放大器可用來做過電流檢知迴路，可使用檢知電阻來與參考電壓源做比較，這迴路的工作電壓接近地端，而此誤差放大器的轉換速率(slew rate)在7V V_{cc}時為2V/μs。但無論如何在高頻運用中，由於脈波寬度比較器和控制邏輯的傳播延遲使得它不能用為動態電流限制器。它可運用於恒流限制電路或者外加元件做成電流回疊(current foldback)的限流裝置，而動態電流限制最好能使用截止時間控制輸入端的第4腳。

　　當電容器C_t放電時，在截止時間比較器的輸出端會有正脈波信號輸出，此時鐘脈波可控制操縱正反器，且會抑制輸出電晶體Q_1與Q_2。若將輸出模控制的第13腳連接至參考電壓準位線，此時在推挽式操作下，則兩個輸出電晶體在脈波信號調變下會交替地導通，這時每一個輸出的轉換頻率是振盪器頻率的一半。

　　當以單端方式(single-ended)操作時，最大工作週期需少於50％，此時輸出驅動可由電晶體Q_1或Q_2取得，若在單端方式操作下需要較高的輸出電流時，可以將Q_1與Q_2電晶體以並聯方式連接，而且輸出模控制的第13腳必須接地，則使得正反器在失效(disable)狀態，此時輸出的轉換頻率乃相當於振盪器之頻率。

　　因此TL494的兩個輸出級可以用單端方式或是推挽式來輸出，兩個輸出關係是不被拘束的，兩個集極和射極都有輸出端可茲利用，在共射極狀態下，集極和射極電流在200mA時，集極和射極飽和電壓大約在1.1V，而在共集極結構下的電壓是1.5V，在輸出過載之下兩個輸出都有保護作用，一般這兩個輸出在共射極的轉換時間為$t_r = 150$ns，$t_f = 50$ns，所以我們可以知道其轉換速度非常地快，操作頻率可達300kHz，在25℃時輸出漏電流一般都小於1μA。

　　如圖7-6所示為TL494的PWM推挽式轉換器電路，此電路有電流限制的保護。

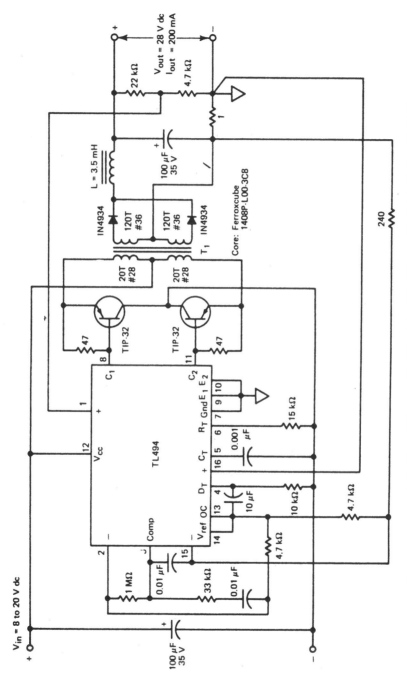

圖 7-6 TL494 控制器在推挽式，低電流功率轉換器的典型應用並具有短路路保護

7-3-2 UC1840可規劃，非線上的PWM控制器 (The UC1840 Programmable, Off-Line, PWM Controller)

　　雖然目前商業上大多數可茲利用的PWM控制器，在設計上都可做一般性的用途，然而 Unitrode公司的UC1840系列可規劃式的PWM控制器，則特別設計於一次邊(primary-side)，價格便宜的應用，也就是說它可做返馳式或前饋式(feed-forward)的設計，在圖7-7所示爲整個UC1840 PWM控制器的方塊圖。

　　參考圖7-7可得知，UC1840包含了以下顯著的特色：

1.　固定頻率的操作，使用者可藉著簡單的*RC*電路來做頻率的規劃。

2.　對恒定伏特-秒(volt-second)的操作下，具有可變斜率的斜坡產生器，提供開迴路的線穩壓，而且減少或是消除在有些情況下回授控制之所需。

3.　低電流起動的驅動開關，具有直接非線上偏壓。

4.　具有內部過電壓保護的精密參考電壓產生器。

5.　整個欠電壓與過電流保護包含了可規劃的開關(shutdown)與重新起動(restart)。

6.　高電流，單端方式的PWM輸出能夠很完美地快速開關外部的功率開關。

7.　可控制脈波(pulse-commandable)或連續直流電源的邏輯控制(logic control)。

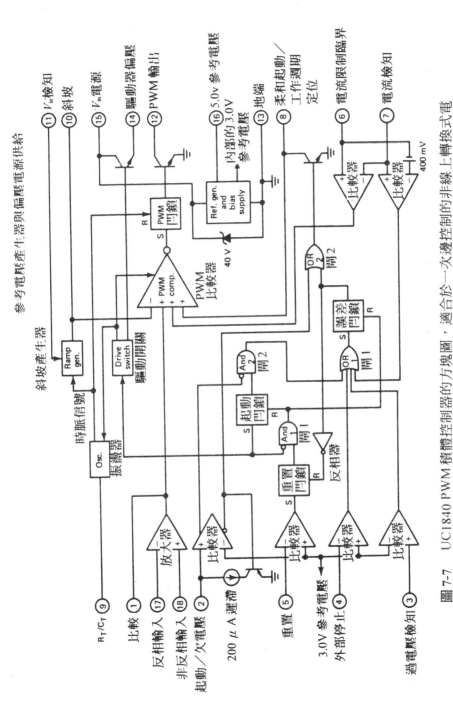

圖 7-7 UC1840 PWM 積體控制器的方塊圖，適合於一次邊控制的非線上轉換式電源供給器

　　下面我們對 UC1840 PWM 控制電路的功能做個分析討論，而圖7-7與圖7-8則爲整個詳細方塊圖，以及它的應用線路。在最初電源起動之時，而且在第2腳電壓達到3V以前，則起動／欠電壓[start/under voltage(UV)]比較器會牽引200μA的電流，此時會在R_4電阻器上增加一電位降，在同時驅動開關保持驅動器偏壓電晶體在OFF狀態，以確保這唯一的電流必須能夠流經電阻器R_{in}，此乃爲起動電流(start-up current)，而且緩慢起動電晶體會在ON狀態，使得IC的第8腳保持在低準位狀態，如此可使得電容器C_s放電。

　　起動閂鎖(start latch)正反器可抑制欠電壓UV信號被誤以爲是一個錯誤信號，起動電壓的準位可由下式得之

$$V_C \text{(start)} = 3\left(\frac{R_4 + R_5}{R_5}\right) + 0.2R_4 \tag{7-2}$$

當此控制電壓(control voltage)升高超過此準位時，start/UV比較器會消除200μA的遲滯電流，起動閂鎖正反器會被設定來偵測欠電壓的錯誤信號，並使得驅動器偏壓輸出電晶體以提供基極電流至功率開關，而且將緩慢起動電晶體轉換至OFF狀態，並提供了電源的柔和起動(soft-start)，此電路由電阻器R_s與電容器C_s來組成設定。

　　UC1840的第8腳可以用來做柔和起動的導通與工作週期的限制，就如同PWM的關閉埠端，工作週期的改變可以由0％至90％，而且最大工作週期的限制可以由電阻器R_s與R_D所組成的分壓電路，而將第8腳予以定位電壓來達成。當使用固定斜坡的斜率操作時，電阻R_s則連接至5V的參考電壓，若做恒定伏特-秒(volt-second)操作時，斜坡產生器需如圖7-8所示來連接，而電阻器R_s則必須連接至直流輸入線上。

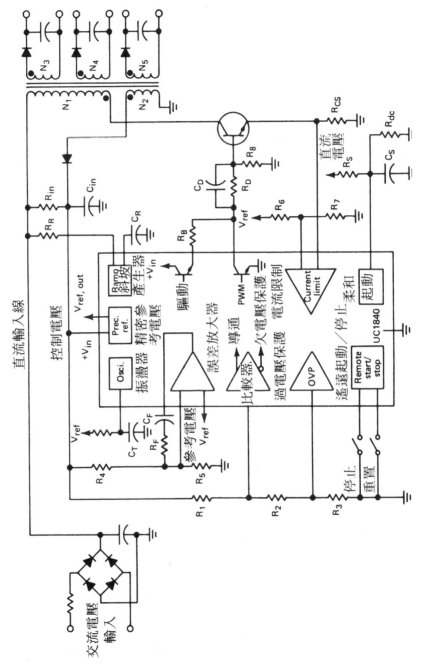

圖 7-8 使用 UC1840 PWM 控制器的非線上隔離返馳式電源供給器。有欠電壓(UV)
、過電壓(OV)與短路保護電路,並有柔和起動與自動偏壓等特色

所期望的最大工作週期乃由第8腳的電壓所設定，其設定的電壓值可由下面的公式求出

$$V(\text{pin } 8) = \left(\frac{R_{DC}}{R_S + R_{DC}}\right)V_{DC,\text{in}} \tag{7-3}$$

此定位電壓必須相等於斜坡電壓，這是在相同的直流輸入電壓準位情況下而得的。

在另一方面，斜坡產生器會產生輸出斜坡電壓，其斜率為

$$\frac{dV}{dt} = \frac{V_{\text{line}}}{R_R C_R} \tag{7-4}$$

在此V_{line}為連接至R_R電阻器的電壓，對一個固定斜坡的斜率來說，R_R必須連接至5V的參考電壓，斜坡的峰值電壓會被定位在4.2V，而最低的電壓值為0.7V。

UC1840的PWM電路乃由振盪器(oscillator)、斜坡產生器(ramp generator)、誤差放大器(error amplifier)，PWM比較器(comparator)，PWM門鎖正反器(latch flip-flop)，與 PWM 輸出電晶體所組成，如圖7-7的方塊圖所描述。在此PWM電路的功能就如先前所描述一樣，而恒定的時鐘頻率可連接簡單的RC電路至第9腳而得到，其中電容器一端接地，而電阻器的另一端接至5V的參考電壓端，如圖7-8所示，振盪頻率可由下式計算得之

$$f = \frac{1}{R_T C_T} \tag{7-5}$$

在此電阻器R_t的範圍由1kΩ至100kΩ，而電容器C_t的範圍由300pF至0.1μF。

斜坡產生器的基本功能已如下所述，在此的誤差放大器乃為電壓模式的運算放大器，其共態模的範圍由1V至$(V_{in} - 2)$V。因此，運算放大器的任何一個輸入端都可以直接連至5V參考電壓上，放大器的另一個輸入端則用來檢知被控制的等效輸出(或輸入)電壓。

斜坡產生器的輸出，誤差放大器的輸出，以及緩慢起動的輸入與電流限制的輸出，這些信號都會進入PWM比較器的輸入端點。比較器在時鐘脈波末端會開始有輸出脈波產生，而當斜坡波形相交於三個正輸入端最低點時，輸出脈波會結束。時鐘脈波會產生遮沒脈波(blanking pulse)使得工作週期低於100％。PWM閂鎖正反器的作用是用來確使在每一週期裏有一個脈波產生，而且可消除在比較器交越(crossover)情況下所產生的振盪現象。PWM輸出脈波是在UC1840的第12腳，以開集極電晶體方式輸出，此輸出電晶體能夠提供200mA的輸出電流；因此，它能夠直接驅動雙極式電晶體或是MOSFFETs。如果需要較高的輸出電流時，我們可以很容易地以外部緩衝的方式來達成，至於輔助電路如過電壓的檢知，外部的停止與重置(reset)都很容易來完成使用。

電流限制與過電流開關是以比較器不同的臨限值來達成，在過載的時候，這些比較器會縮短了PWM輸出脈波，而且同時將緩慢起動電晶體導通，柔和起動的電容器會被放電，最後在這些錯誤結束後，以確保正確的重新起動。

7-3-3 UC1524A PWM控制積體電路(The UC1524A PWM Control Integrated Circuit)

UC1524A PWM控制IC是將最初已經發展使用的PWM控制器

SG1524改良而成。由於在本書中有許多是以UC1524A做為例子,因此,我們將在下面詳盡地介紹其方塊圖之功能讓讀者能夠充分了解。至於此IC更詳細之規格讀者可以去查閱資料手冊。在圖7-9所示就是UC1524A PWM IC的方塊圖。

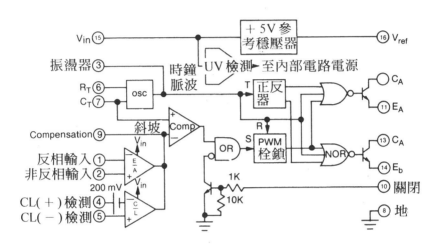

圖7-9　UC1524A PWM 控制IC的方塊圖

內部的線性鋸齒波振盪器,其頻率可藉由電阻R_T與電容C_T來予以改變。振盪頻率表示如下

$$f_{osc} = \frac{1.15}{R_T C_T} \tag{7-6}$$

至於振盪頻率則可高達500kHz。

斜坡電壓之大小大約是2.5V,此電壓會輸入比較器之正端,而誤差放大器之輸出電壓或是電流限制放大器之輸出電壓會輸入比較器負端,經過比較器之比較以後,在其輸出端就可獲得高電位或低電位之變化。誤差放大器輸入端之電壓範圍可高達5V以上,如此若輸出為5

V時，就可以直接輸入，省去分壓網路之需。UC1524A之參考電壓為5V，其精確度為±1%。

　　至於完成輸出脈波寬度之調變則是由高增益比較器的調變脈波信號，輸入至PWM栓鎖電路，並與正反器電路、振盪器之輸出信號一起同步達成。

　　PWM之栓鎖電路會保證即使在多雜訊的環境中，在一個週期之內也不會有多重之脈波產生。除此之外，關閉(shutdown)電路之信號會直接饋入至此栓鎖電路中，而且關閉動作可以在200ns期間將輸出予以失效。在此IC內之電流限制放大器乃為一寬頻帶、高增益之放大器，因此，在地端或是電源輸出線上做為線性或是脈波式的電流限制是非常有效用的。其臨界點是設計在200mV。此PWM IC內有加入欠電壓之鎖定電路，因此若輸入電壓低於8V時，除了參考電壓以外，所有之內部電路都會失效。此種動作狀態在導通之前都可以保持靜態電流非常低，如此可以大大地簡化在IC交流輸入情況下，SPS在低功率輸出的設計。

　　此IC的輸出電晶體，其功率能力為200mA，耐壓為60V。這兩個電晶體可以並聯使用以增加輸出電流之能力。

　　UC1524A PWM IC控制器可以被廣泛地應用在隔離或是非隔離的交換式電源供應器上。在圖7-10所示就是一個簡單的降壓型穩壓器之應用。

　　在此實例中乃為一個寬輸入電壓範圍且為非隔離型的降壓穩壓器，電路中的小信號電晶體可以提供固定的驅動電流至輸出端的功率開關，此電流之大小並不會隨著輸入電壓準位之改變而改變。為了簡化電流限制之電路，在此僅用一個檢測電阻串聯在輸出端即可達成此功能。

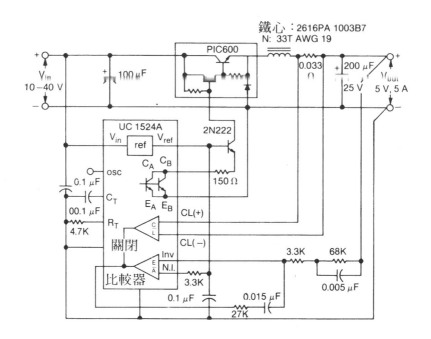

圖7-10　使用UC1524A與PIC600混成功率開關，並配合極少數之外部零件，即可
　　　　達成一25W寬輸入電壓範圍之降壓穩壓器

　　在圖7-11所示乃為一50W低價格、交流輸入且完全隔離的順向式
轉換器。在電源開啟時，電流會流經R_1向電容C_2充電，此時電路就會
被啟動起來。到達穩定狀態之後，所需之電源則由繞組N_2來提供。至
於隔離的回授控制電路則由電晶體 Q_3 與變壓器 T_2 所組成，它們從
＋5V輸出電感器之前取樣40kHz之電壓信號來做回授穩壓。

　　在每一個交換週期裡，輸出電壓信號會由繞組N_1轉移至繞組N_2，
此電壓信號經過峰值檢測之後會回授輸入至PWM誤差放大器之反相
輸入端。由整流二極體D_1會有功率上之損失，所以，加入二極體D_2可
做為溫度補償之用，而且輸出之穩壓率亦可小於1％。

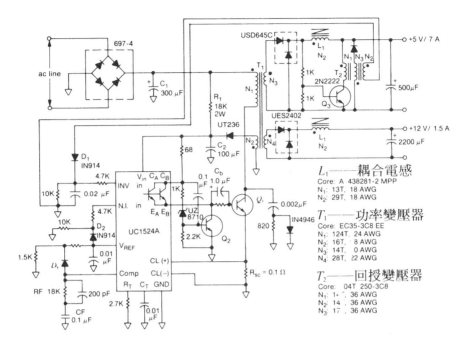

圖 7-11 利用 UC1524A 設計交流輸入的隔離順向轉換器

二極體 D_3 有箝制工作週期之作用。在 PWM IC 內部兩個輸出電晶體並聯使用,如此可以提高順向驅動電流,以便驅動交換電晶體 Q_1。而電晶體 Q_2 與電容 C_b 之組成則提供做為關閉之基極電流路徑。

7-3-4 UC1846 電流模式控制積體電路 (The UC1846 Current-Mode Control Integrated Circuit)

在第 3 章中我們已經討論過基本的電流模式之結構,並曾詳細說明此種方式會優於 PWM 電壓模式之結構。

Unitrode 公司出品的 UC1846 就是電流模式控制的 PWM IC,其功能非強大,適合應用在高頻交換式電源供應器之設計,而且僅需極少數之零件即可達成。

在圖7-12所示就是UC1846的方塊圖。以下有几個特色是此IC所具有的:

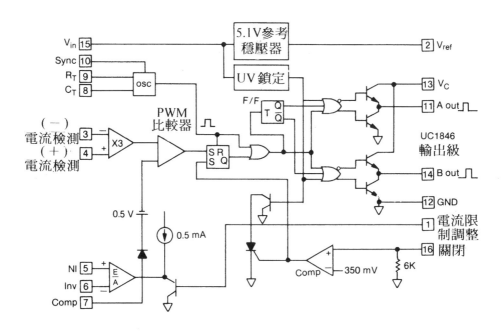

圖7-12　UC1846電流模式控制積體電路的方塊圖

1. 具有精確度±1%,5.1V之參考穩壓器,可做為外部參考電壓之用,以及提供做為IC內部電路之穩壓電源。

2. 具有一固定頻率之鋸齒波振盪器,並具有截止時間(dead-time)可控制以及外部同步之能力。此電路之特色皆以NPN做為設計且信號超過1MHz亦能產生極低的失真波形。在圖7-13所示就是此IC內之振盪電路。

在振盪電路中連接到外部之電阻R_T可用來產生一定電流,並且會

流入電容C_T，如此則可得到一線性的鋸齒波形。而振盪頻率可以
表示如下：

$$f_{osc} = \frac{2.2}{R_T C_T} \tag{7-7}$$

在此$1\text{k}\Omega \leq R_T \leq 500\text{k}\Omega$，且$C_T \geq 1000\text{pF}$。

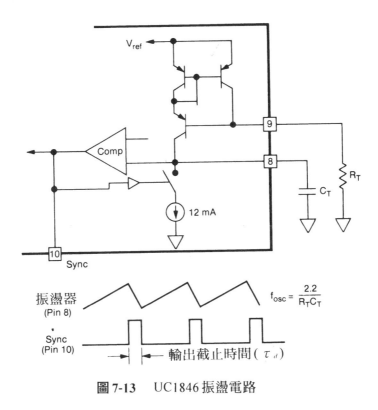

$$f_{osc} = \frac{2.2}{R_T C_T}$$

振盪器 (Pin 8)

Sync (Pin 10)

輸出截止時間(τ_d)

圖 7-13 UC1846振盪電路

在圖7-13所示之振盪器會產生一內部的時鐘脈波信號，可以用來
遮沒兩個輸出之信號，並且可以防止在交換期間有同時導通之情
況發生。振盪器的下降時間可以控制輸出的截止時間(dead time)
。至於下降時間可以由下面的公式得知會被C_T所控制

$$t_d = 145C_T \left[\frac{12}{12 - (3.6/R_T)} \right] \tag{7-8}$$

R_T 之值若很大的話，則上式可以簡化為

$$t_d = 145C_T \tag{7-9}$$

若有一個以上之電路需要同步的話，則可由雙向的 SYNC 這個端點來達成。

3. 誤差放大器之共模範圍從 0V 至 2V 會低於偏壓電壓。誤差放大器之輸出信號會與電流檢測放大器之輸出信號一齊饋入至 PWM 比較器輸入端，並產生可調變之脈波信號。

4. 電流檢測放大器可以用許多方法來檢測峰值的開關電流，並且會與誤差放大器之輸出電壓做比較。在圖 7-12 所示的 PWM 比較器，其反相輸入端之最大電壓會被內部之穩壓電源限制在大約 3.5V 左右。所以，對增益固定為 3 而言，在電流檢測輸入端最大之差值電壓必須低於 1.2V。在圖 7-14 所示就是各種不同的電流檢測方式。

使用電阻直接檢測之方式比較簡單；不過要注意的是，其峰值電壓必須要小一點以減少檢測電阻之功率損失。一般都會建議加入 RC 濾波器，以便減少任何電壓波尖的產生，尤其是在工作週期非常小時，可能會造成電流栓鎖之作用，並使得 PWM 電路造成誤動作之情況。

若使用變壓器來檢測可以達到隔離之功能並增加電路之效率，不過在成本上卻會增加。不管選用何種檢測方式，最大之檢測之電壓一定要符合較低之功率損失，同時達到雜訊免疫(noise immunity)之能力。基本上，在電阻性的檢測電路中，其電壓範圍則為幾百毫伏特(mV)，而在變壓之檢測電路則可達1.2V。

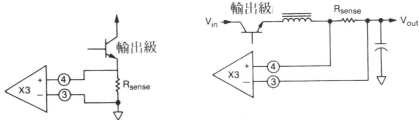

(a)以地端為參考點使用電阻來檢測　(c)檢測電阻置於輸出線上

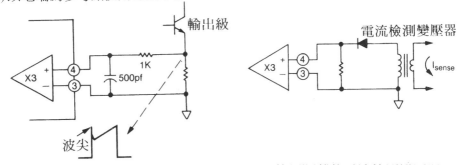

(b)亦使用電阻相同方式檢測，另外加入　(d)使用隔離的電流檢測變壓器
RC濾波器可以降低開關的暫態波尖

圖7-14　UC1846電流檢測放大器的各種電流檢測方式

5.　電流限制可以在使用者所設定之準位下經由誤差信號之箝制來達成。事實上，電流模式轉換器最大之特色就是藉著簡單地限制誤差電壓至最大值，就可以使用脈波之方式來限制峰值開關電流。如圖7-15所示之電路。

電阻R_1與R_2構成一個分壓網路可以設定第1腳之準位。此電壓準位輸入至Q_1電晶體之後就會將誤差放大器之輸出箝制至最大之值。由於Q_1電晶體基極-射極之電壓降與二極體D_1之順向電壓降幾乎互相抵消，PWM比較器之負輸入端的電壓會被箝制在第1腳

－0.5V之準位。所以，電流檢測放大器之差值輸入電壓V_{cs}可表示爲

$$V_{cs} = \frac{V_{pin1} - 0.5}{3} \qquad (7\text{-}10)$$

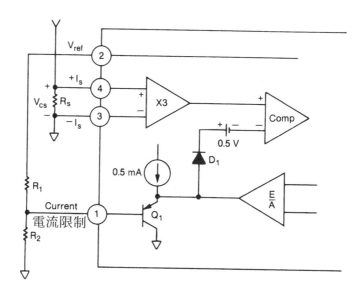

圖7-15 UC11846峰值電流限制之設計

使用此種關係，則最大之開關電流與外部各個電阻之間的關係可以表示如下：

$$I_{c1} = \frac{[R_2(V_{ref})/(R_1 + R_2)] - 0.5}{3R_s}$$

要注意的是電阻R_1要提供保持電流給關閉電路(shutdown circuit)，因此在選擇上必須比電阻R_2優先考慮。

6. 關閉電路在其內建有350mV之臨限電壓，可以用在栓鎖或是非栓鎖之模式中，或是起始之"hiccup"操作模式。在圖7-16所示就

是關閉電路之構成。由此可知祇要在第16腳輸入大於350mV之
電壓信號就可以達到關閉之動作。另外，在此電路中電容器C_s可
以提供軟性啓動(soft-start)或是軟性重新啓動(soft-restart)之功能。

7.　欠電壓之鎖定具有遲滯之作用可以保證輸出會停留在"off"狀態
，要一直到參考電壓回到正常之值爲止。

8.　雙重的脈波抑制邏輯電路可以消除任一輸出連續脈動之可能。

9.　圖騰極的輸出可以汲入或汲出100mA之連續電流，或是400mA
之峰值電流。

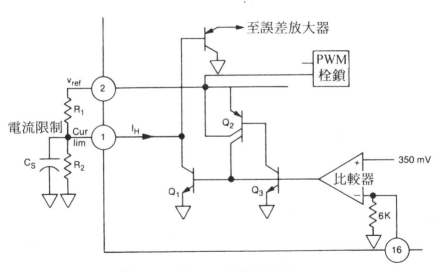

圖7-16　UC1846之關閉電路

由以上所介紹之特色可以得知UC1846電流模式控制IC可以廣泛
地應用在各種不同的電路設計上。

在圖7-17所示乃爲UC1846應用在推挽式的電路。此電路爲－20
kHz之電源供應器，交換式電晶體並不需要特別去匹配它，也沒有電

流不平衡造成變壓器之飽和。若操作頻率愈高的話，則可考慮將交換
電晶體以MOSFET取代之。此電源供應器比傳統的PWM設計在輸出
負載的改變上，更具有極好的暫態響應。

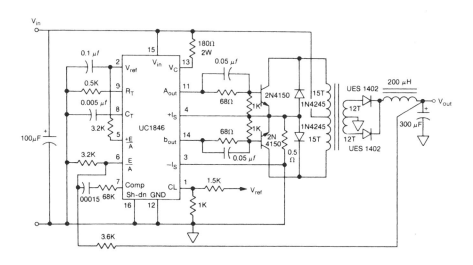

圖 7-17　用UC1846設計20kHz電流模式控制的推挽式轉換器

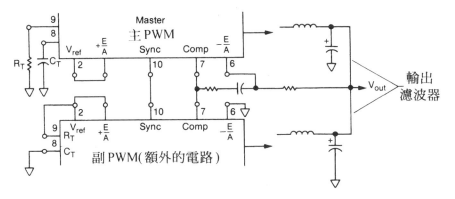

圖 7-18　UC1846 PWM IC可以達到並聯操作，並且每一組可以分流得很平均

　　若要將許多相同輸出的電源供應器做成並聯模組化之設計，則可將其它模組中之UC1846的振盪器與誤差放大器予以失效(C_t端接地，$-E/A$接至V_{ref}且$-E/A$接至地端)。此種並聯方式輸出電流可以分流得均勻。在圖7-18所示之電路就是兩組並聯操作的方式。

7-3-5 UC1860諧振模式電源供應器的控制器 (The UC1860 Resonant-Mode Power Supply Controller)

　　諧振模式的電源供應器已漸漸受到人們之注意與興趣，這是因爲它非常適合操作在百萬赫芝(MHz)之頻率中。雖然有許多分離之功率元件已經發展出來能夠操作在MHz之頻率區域裡，但是，很顯然地就很欠缺適用在此高頻的IC控制器。Unitrode公司所發展出來的UC1860控制器就非常適合應用在諧振模式之電源供應器上。UC1860之方塊圖則示於圖7-19中。

　　此IC控制的方式是固定導通時間，改變頻率的方式。基本的控制方塊圖包括具有一參考電壓、寬頻帶、高增益之誤差放大器，其控制振盪器之頻率可以從1kHz至3MHz。誤差放大器控制振盪器之頻率是經由一電阻連接至I_{osc}端點，而此端則爲兩個二極體之壓降。當誤差放大器被箝制時，並輸出電壓之大小可從2個二極體壓降至2V加上2個二極體壓降之間改變，如此就能夠改變最小與最大之頻率。

　　經由振盪器所觸發的溫度穩定之單擊定時器，對輸出驅動器來說可以產生低至300ns之導通時間脈波。每一組輸出都能夠驅動暫態電流至2A，如此使得要驅動功率型 MOSFET 之閘極會變得更理想實際

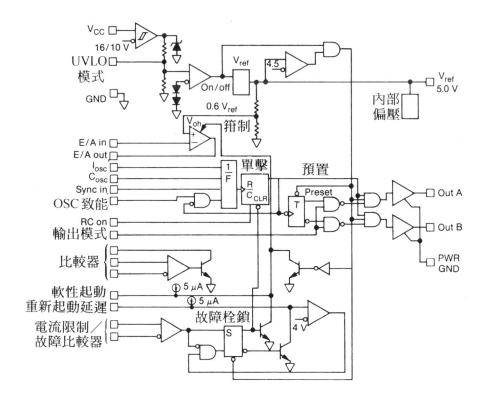

圖 **7-19** UC1860諧振模式電源控制器之方塊圖

些。若要使得輸出之操作為交互的或是一致的輸出信號,則可設定正反器之操作模式。

　　另外有一些建立在IC內之附屬功能電路更能夠提高控制之能力。在起動期間或是在較低負載之情況下,開集極(open-collector)之比較器可以用來縮短導通時間之脈波。至於具有-0.3V至3V共模範圍之快速比較器,則可用來檢測過電流故障之情況。此PWM IC由於具有軟性啟動與重新啟動延遲之功能,因此在故障之處理上更顯現出其功能之強大。在故障情況發生之後,我們可以將重新啟動延遲之接腳予以設定使得電源會永遠在關閉狀態,或是在一段延遲之後重新啟動,或是故障排除之後能夠馬上啓動。

　　最後要介紹的是此 PWM IC 內之欠電壓鎖定(ucdervoltage lockout；UVLO)電路。由於具有16V之起動臨限電壓與6V至V_{cc}之遲滯，因此允許操作在AC交流輸入之電路，或是直接操作在5V至20V DC輸入之電路。UVLO模式之接腳可以用來做爲控制整個電源ON與OFF之作用。在欠電壓鎖定期間，輸出部份會被驅動至低電位，且所提供之電流會保持至最低值。

第八章
轉換式電源轉換器
周邊附加電路與元件(
SWITCHING POWER
SUPPLY ANCILLARY,
SUPERVISORY, AND
PERIPHERAL
CIRCUITS AND
COMPONENTS)

8-0 概論(INTRODUCTION)

一般來說轉換式電源供給器乃爲閉迴路(closed-loop)系統，因此會具有好的穩壓率，小的漣波輸出，與很好的系統穩定度。除了在前面幾章已討論過轉換式電源供給器的基本方塊圖外，還有一些週邊電路與輔助電路可用來加強提高電源供給器的功能與可靠度。

例如光隔離器元件就被廣範地應用於返馳式轉換器，或是前饋式轉換器上，它可提供做爲輸入與輸出之間的隔離，而且還能保持良好的信號傳輸。其它如柔和起動電路、過電流與過電壓保護電路都可用來保護電源供給器，以免遭受外來應力的破壞。本章將針對應用於這些電路的元件做爲介紹，並且做一些典型的電路設計，使讀者能了解它們是如何在電路上執行其功能。

8-1 光耦合器(THE OPTICAL COUPLER (OR OPTOISOLATOR))

光耦合器(optocoupler)亦稱爲光隔離器(optoisolator)，基本上它可用來提供電源供給器輸入與輸出之間的隔離，同時它也提供了穩壓控制的信號路徑，在圖8-1所示即爲光耦合器電路的結構圖。

光耦合器主要由兩種元件所組成：第一種元件爲光源，它可以爲白熾燈(incandescent lamp)或是發光二極體(light-emitting diode；LED)；第二種元件爲檢波器(detector)，它可以爲光電伏打電池(photovolta-ic cell)、光二極體(photodiode)、光電晶體(phototransistor)，或是光靈敏(light-sensitive)SCR。光耦合器最普通的結構是由鎵砷(GaAs)LED與矽光電晶體在同一封裝下所組成，在正常操作下，電流流經LED會產生光源，而其光源強度則視激發電流而定，因此能調變光電晶體而產生集極電流，此電流會與LED的順向電流成比例變化，在圖8-2所示為光耦合器在基本線性操作模式下的連接方法。

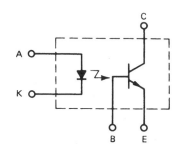

圖8-1　典型的光耦合器電路

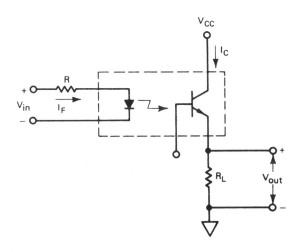

圖8-2　光耦合器連接至基本線性模式中。二極體順向電流
I_F會產生光源，在光電晶體會感應集極電流I_C

為了設計此輸入電路，所需要之參數為二極體順向電流I_F，二極體順向電壓V_F，與輸入電壓V_{in}，因此電流限制電阻器R，可由下面公

式求得其值：

$$R = \frac{V_{\text{in}} - V_F}{I_F} \tag{8-1}$$

一般來說，製造廠商都會在標準規格資料中提供二極體順向電壓對二極體順向電流的曲線圖，如此操作點就很容易被選擇出來，電流限制電阻器也就能很容易地被計算出來，至於輸出部份耦合器的基本參數則為光電晶體的集極電流I_c。

在光電晶體所產生的集極電流I_c會與二極體順向電流I_F，以及光耦合器的直流轉移比或是耦合效率η成正比。如果二極體順向電流已經知道，則光電晶體的集極電流可以由下式計算得知：

$$I_C = \eta I_F \tag{8-2}$$

在指定的集極-射極電壓V_{CE}情況下，製造廠商的資料手冊中都會提供直流轉移比的曲線。因此，由此資料就可推導出集極電流(與射極電流)，此時我們就可以選擇計算R_L值，而獲得所需之輸出電壓V_{out}(見圖8-2)。

8-2 自給偏壓的方法(A SELF-BIAS TECHNIQUE USED IN PRIMARY SIDE-REFERENCED POWER SUPPLIES)

基極驅動變壓器可以用於轉換式電源供給器中，做為輸入與輸出隔離之用，它們最常用於橋式轉換器的設計上，而大多數的返馳式或順向式轉換器的設計，則以光隔離器來達成所需之隔離作用。

光隔離器的使用使得設計變成非常的簡單，這是因為它不需要驅動變壓器與偏壓變壓器的緣故。因而在此情況整個控制環路可爲一次邊參考，起動電路，而且自給偏壓可以直接由高電壓線與高頻變壓器上取得，可用來偏壓控制環路。

　　在圖8-3所示即爲用於轉換式電源供給器的自偏電路，電路的操作原理如下說明：當交流輸入電壓進入時，PWM的控制與驅動電路可獲得一偏壓V_c，此電壓值由R_1、Z_1與Q_1所組成的線性穩壓器而產生，並直接連至高壓直流匯流排上。電源供給器起動後，在主變壓器的輔助繞組上可提供產生V_D電壓，V_D電壓值的設計必須高於V_c電壓值，因此可將二極體D_5反向偏壓，而且線性穩壓器會被關閉，在此情況下，電源供給器就能提供V_D的自偏電壓，並能一直維持此V_D電壓，所以在剛開始的起動穩壓器上，此時就不會再有功率消耗了。

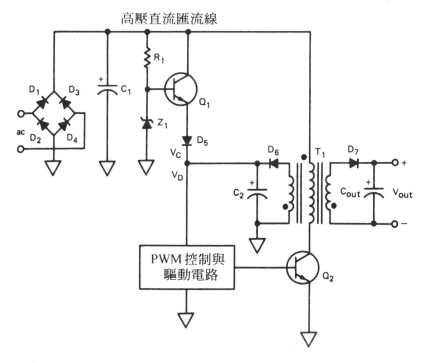

圖8-3　起動與自給偏壓電路用於一次邊參考的非線上轉換式電源供給器

　　有一點需特別留意的是在設計此電路時，需選擇使用高壓電晶體，當電晶體OFF時，它必須能夠承受基極-集極的電壓應力，此電路乃為自給激發輔助電源供給器的典型應用，當然還有許多相同原理的電路被發展出來，亦能適合各種不同電路之所需。

8-3　作為輸入與輸出隔離之用的光耦合器電路設計(OPTOCOUPLER CIRCUIT DESIGN TO PROVIDE INPUT-TO-OUTPUT ISOLATION IN A SWITCHING POWER SUPPLY)

　　當光耦合器是用於非線上轉換式電源供給器時，其主要的目的是提供輸入與輸出隔離之用，下面是一些設計上的準則：

1. 光耦合器必須能夠承受隔離崩潰電壓，此依各國或是國際上的安全標準來規定。

2. 驅動耦合器的放大器電路必須設計良好，用以補償耦合器的熱不穩定與漂移之現象。

3. 選擇光耦合器需具有好的耦合效率。

　　一般在常態下光耦合器都是應用於線性模式，也就是在耦合器輸入端的控制電壓會產生正比例的輸出電壓，因此可用來做更進一步的控制，例如閉迴路的穩壓即是。

　　在此種操作模式下，典型的電路進接方法如圖8-4所示，電路的操作功能如下說明：在這個返馳式電路中，輸出電壓經由分壓電路(

由R_4與R_5組成)所產生的電壓，會輸入放大器的A_1反相輸入端，而與非
反相輸入端的固定參考電壓V_{ref}做比較。

　　這兩個輸入端的電壓差會被放大器予以放大，而且在放大器輸出
端會有流經R_3的電流產生，因此可用來調變耦合器LED的光強度，而
LED光源會在光電晶體上感應產生成比例的射極電流，因此在R_l上就
會有電壓降，這就好比是由R_4與R_5接面所鏡射出來的電壓。

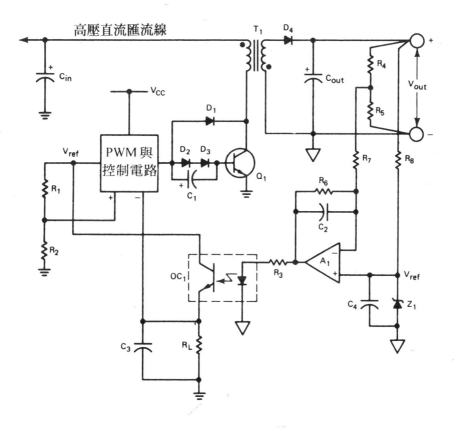

圖8-4　返馳式電路使用光耦合器做穩壓控制與輸入至輸出的隔離

　　在電阻R_l上的電壓會輸入至PWM電路的誤差放大器反相輸入端(
見圖7-3)，而誤差放大器的非反相輸入端則設定一個固定電壓，其值

可由參考電壓V_{ref}分壓取得。因此，為了維持電源供給器的輸出穩壓
，電晶體Q_1的導通週期就可以適當地被調整。

　　雖然在圖8-4所示的電路是一個很實際的應用，不過我們可以使
用圖8-5的電路，如此可以大大地減少驅動光耦合器LED所需的零件
數目。在此我們是使用TL431並聯穩壓器，來使得電路更簡單化，而
取代了一些額外的零件，目前也有許多公司能提供此並聯穩壓器的產
品，如Texas Instruments，Motorola等公司，TL431乃為一個可規劃的
、低溫度係數的穩壓器，並具有汲入電流能力可達100mA的參考放大
器。

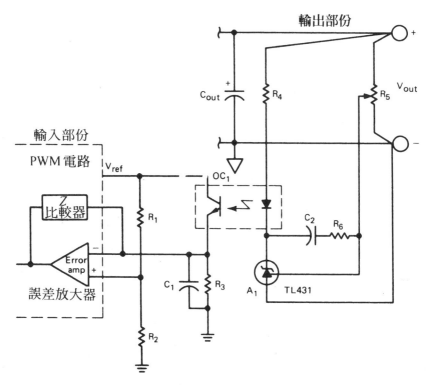

圖8-5　使用TL431並聯穩壓器驅動光耦合器LED並且提供所需的放大功能，減少
　　　　所需的零件數目

　　TL431內部的2.5V參考電壓，使其在5V匯流排上更能理想地操作，而且輸出電壓可以由外部規劃至36V，在應用上它的最大特色就是具有低的輸出雜訊與50ppm/°C低溫度係數。在圖8-6所示為TL431的符號表示與方塊結構圖，在圖8-5由C_2-R_6所組成的電路乃做為頻率補償之用。

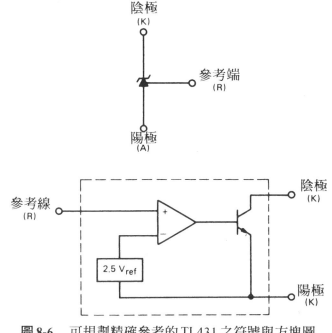

圖8-6　可規劃精確參考的TL431之符號與方塊圖

　　另外一個以單電晶體為主所設計的電路如圖8-7所示，此電路不但價格便宜，零件也不多，而且有很好的性能。電路中的Q_1電晶體被稽納二極體Z_1偏壓在固定準位上，因此，電晶體集極電流的產生會將光二極體激發，使得電阻R_i上會有控制電壓降。

　　可變電阻器R_{out}之值可用來達到調整輸出電壓之目的，如此可調變光二極體的光強度，而R_1-C_1的低頻濾波器能增加改進整個電源供給器的穩定度。

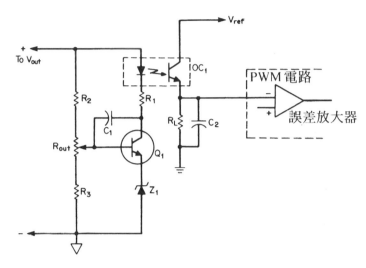

圖 8-7　單一電晶體放大比較器在轉換式電源供給器的回授迴路上可用來驅動光
耦合器

　　以上所描述的光耦合驅動電路都是最典型的例子，而在實際應用
上則需稍做修飾，以適合各別之所需，在另一方面，這些電路也可以
被應用於其它的線路上，尤其是一些較特殊的應用。事實證明，光耦
合器在轉換式電源供給器設計上乃為一重要的週邊元件，它提供了輸
入與輸出之間的隔離，而且還能保持轉換器所有穩壓特色。

8-4　柔和起動電路設計
(SOFT START IN SWITCHING POWER SUPPLY DESIGNS)

　　大多數轉換式電源供給器在起動時都設計有一些延遲時間，此乃
為了避免輸出超越量(overshoots)的產生，與在trun-on時變壓器的飽和
。因此，能達成此目的電路我們稱為柔和起動電路(soft-start circuits)

，一般它們是由RC電路所組成，能夠允許PWM控制電路的輸出，以非常緩慢的方式由零值增加至其操作值。

在圖8-8所示為柔和起動電路在PWM控制電路的連接方法，在時間$t=0$時，當電源供給器正要ON時，電容器C會被放電，而且經由二極體D_1，所以誤差放大器的輸出被保持在地電位，如此可抑制比較器的輸出。

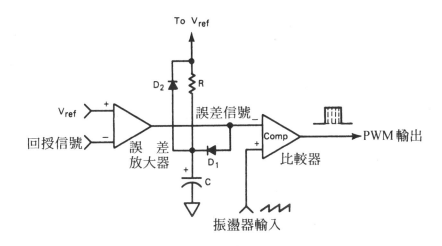

圖 8-8　用於PWM控制電路的柔和起動電路可逐漸增加PWM信號至其操作值

在$t=0^+$時，電容器經由電阻R開始充電，其時間常數為

$$\tau = RC \tag{8-3}$$

其充電的電壓值接近V_{ref}，當電容器C充滿電荷時，二極體D_1會被反向偏壓，因此誤差放大器的輸出會與柔和起動電路隔離，由於電容器C的緩慢充電，會使得比較器輸出的PWM波形逐漸地增加，所以，轉換元件的"柔和起動"乃是整個電路中最先開始動作的。

二極體D_2乃是做為電阻R的旁路，此乃為了在系統關閉情況下，能使得電容器C足夠快速地予以放電，如此即使在非常短的中斷期間裏，也將會開始一個新的柔和起動週期，在有一些新的PWM控制電路裏，電阻R則以單晶片電流產生器來取代，此時我們僅需要在外部增加電容器C，即可實現柔和起動的特色。

顯而易見的柔和起動會使得輸出電壓的上升時間有一些延遲，因此，我們需選擇合理的R值與C值，使得此延遲能在實際的極限值內。

8-5　電流限制電路
(CURRENT LIMT CIRCUITS)

轉換式電源供給器在預定的輸出功率準位下，一般都會設計在安全操作範圍內，因此，我們應該避免操作超過其標稱的輸出電流，但是有時不小心會有過電流或是短路的情況發生，此時電源供給器就必須有一些保護裝置，以免受到永久性的破壞。

而電流限制電路就是最基本的保護電路，因此，如果有輸出短路的情況發生，就能限制輸出電流至安全準位。有許多的方法可用來達成電流限制的電路，我們可將它置於電源供給器的初級(輸入)端，或是置於輸出部份，當然最適宜的電流限制方式，則需完全地依所特定設計的電源供給器而定，如此方能達到保護的效果。若為單一輸出的設計，則電流限制電路置於輸入或輸出部份，都同樣地可達到保護之目的，因此，對初級參考直接驅動的電源供給器來說，將電流限制電路置於輸入端乃較為方便。然而對使用基極驅動的電源供給器來說，將電流限制電路置於輸出匯流排上是較為有利的。

雖然具有監測匯流排的直接耦合電流限制電路，在使用上非常方便、簡單，而且僅需一些零件即可達成目的，但是變壓器耦合的電流限制電路亦被廣範地使用。尤其是當不共地點且需要電壓準位轉換時。電流限制電路可用分離元件來完作，或是可以使用IC PWM控制電路的積分電流限制之功能。

　　在此所需注意的是，電流限制電路在破壞發生之前，必須有快速的響應，以保護電源供給器。

8-5-1　應用於初級參考直接驅動的電流限制電路 (Circuits for Primary-Referenced Direct Drive Designs)

　　初級參考直接驅動的設計，就如返馳式或順向式轉換器，能很容易地做到電流限制的目的，在圖8-9所示乃針對這些設計的兩種電流限制電路。

　　在圖8-9(a)中，我們可以檢知到峰值初級電流會在電流限制電阻器R_{SC}上有成比例的電壓降，R_{SC}的電阻值可由下式計算得之

$$R_{SC} = \frac{V_{BE}}{I_P} \tag{8-4}$$

當在電阻器R_{SC}上的電壓降超過了基極-射極臨限電壓，電晶體Q_2會被導通，Q_2的集極輸出則連接至振盪器的輸出或是關閉埠端。

　　如果在電源供給器的輸出有過載或短路情況發生，此時初級電流會急劇地增加，而導致電晶體Q_2被導通，因此，依次地Q_2的集極會牽引振盪器的輸出至地電位，或是將關閉電路產生作用，如此可限制有效的初級電流至安全準位上。

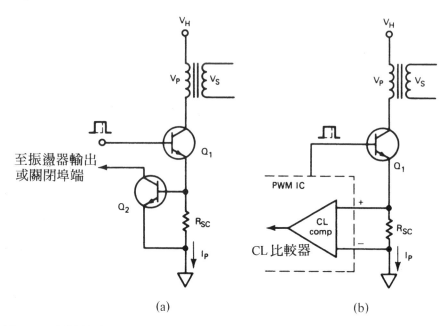

(a)   (b)

圖8-9 在返馳式或順向式轉換器中使用簡單的電阻器與開關串聯可提供所需的電
壓降來導通電晶體(a)，或是激發IC比較器(b)，因此在過電流情況可縮短
驅動脈波

　　圖8-9(b)是更快速且更精確的電流限制電路，在PWM控制電路的
IC_s中，如此的電流限制電路是較受歡迎的，雖然此電路的操作原理
與圖8-9(a)相似，但是使用此電路對電晶體而言，有一些顯著的優點
。首先，比較器的電流限制激發臨限電壓可預置到一個精確的且可預
測的準位上，這就相對於雙極式電晶體較大範圍的V_{BE}臨限電壓值，
其次是此臨限電壓會足夠地小，基本上約為100mV至200mV，因此，
我們就可使用較小值的電流限制檢知電阻器，所以整個轉換器的效率
就可以提高了。

8-5-2　應用於基極驅動器的電流限制電路 (Current Limit Circuits for Designs Utilizing Base Drivers)

　　正常在設計上利用基極驅動可做控制電路與轉換電晶體之間的隔離，例如半橋式與全橋式轉換器，或是返馳式與順向式轉換器，其輸出部份是與控制電路共地點的，在此情況下，電流限制電路可以直接連至輸出匯流排上，此種電流限制電路結構如圖8-10所示。

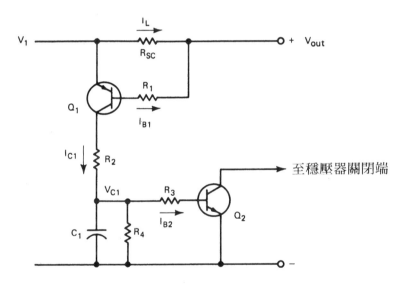

圖 8-10　幾乎可用於所有功率轉換器設計的電流限制電路，在此控制電路與輸出回流匯流排共地

　　在正常操作下，負載電流I_L會足夠地小，並能在R_{SC}電阻上產生足夠的電壓降，來將Q_1電晶體導通，若Q_1在OFF狀態時，而且$I_{C_1}=0$時，電容器C_1會全部放電掉，因此，Q_2電晶體就會處於OFF狀態，如果I_L電流逐漸增加其值時，則

$$I_L R_{SC} = V_{BE,Q1} + I_{B1} R_1 \tag{8-5}$$

此時集極開始會有I_{C1}電流流通,並以下面的時間常數將C_1電容器充電

$$\tau = R_2 C_1 \tag{8-6}$$

在電容器C_1上的充電電壓,其值為

$$V_{C1} = I_{B2} R_3 + V_{BE,Q2} \tag{8-7}$$

為了使電容器電壓的負載效應減至最低值,我們可選用具有很高h_{FE}值的達靈頓(darlington)電晶體來取代單一電晶體Q_2,此將限制基極電流I_{B2}至微安培之值,另外我們選擇電阻$R_4 \ll R_3$,當電流過載被檢知出來時,使得C_1電容器能夠快速放電。

R_2電阻值的選擇如下:

$$I_{B1,max} = \frac{V_1 - V_{BE,Q1}}{R_1}$$

而且 $\quad I_{C1} = \beta_{Q1} I_{B1,max}$

所以

$$R_2 \geq \frac{(V_1 - V_{CE,sat,Q1}) R_1}{(V_1 - V_{BE,Q1})} \tag{8-8}$$

在適當的電路設計上,V_{C1}能足夠快速地到達其電壓值,並將Q_2電晶體偏壓至ON狀態,接著將會關閉穩壓器的驅動信號。

當過載除去時,電路會自動回復,如果使用具有固定電流限制比較器的積體PWM控制電路,則圖8-9(b)的電路我們將電流限制電阻器R_{SC}移至正輸出匯流排上,就能獲致良好的電流限制效果。

雖然這兩種方法在檢知過電流情況都能工作良好,但是功率電阻器R_{SC}的存在可能會變成不受歡迎的,尤其是在高電流輸出下會造成功率的消耗,以致於會影響系統的效率,因此,如果有上述情況,我們可以使用圖8-11的電路,此電路是使用電流變壓器來檢知過電流的

情況，而且電路中沒有造成功率損失的元件。因此，整個電源供給器的效率就可以被提高了。電路的操作原理說明如下：電流變壓器T_1用來檢知負載電流I_L，因此在電阻器R_1會有成比例的電壓產生，二極體D_3則將脈波電壓予以整流，而且所選擇的電阻器R_2與電容器C_1，其作用可將整流過的電壓給予平滑化。

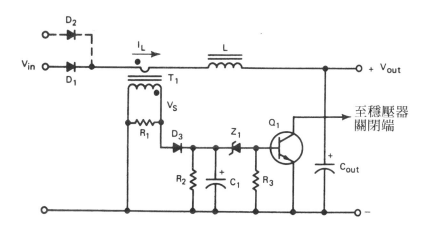

圖 8-11　不消耗電流的限制電路使用電流變壓器來檢知過電流情況

　　當電流過載發生時，電容器C_1上的電壓會增加至稽納二極體Z_1的導通點，此時電晶體Q_1會被導通。因此，在Q_1集極上的信號可用來關閉穩壓器的驅動信號，電流變壓器T_1的繞製可以使用陶鐵磁或MPP環型(toroid)鐵心來在其上繞線而得，但是必須注意旳是鐵心不能使用在飽和狀態。一般初級都是由一圈來組成，而次級圈數則需由次級電壓所決定，即

$$\frac{N_P}{N_S} = \frac{I_S}{I_P} \tag{8-9}$$

由於$I_S = V_S/R_1$，因此在最大指定負載電流I_L情況下，次級圈數必須能在電容器C_1上產生所期望的電壓值，所以

$$N_S = N_P \frac{I_P R_1}{V_S + V_{D3}}$$

(8-10)

因此由(8-10)式,我們就可以繞製出精確的電流變壓器,而在實際電路測試上,還需在圈數上稍做最後的調整,以便能獲得最佳的性能。

8-5-3 一般的電流限制電路
(A Universal Current Limit Circuit)

所設計的一般電流限制電路,不管是置於電源供給器的輸入或輸出部份都能獲得很好的效果,同樣地,此電路也極適合於多重輸出電壓的電源供給器,在此多重的輸出要使得各別的電流限制能達其作用,的確是一件棘手之事。

如圖8-12所示就是基本電路的設計,在電源供給器的輸入端,此電路所示其操作原理如下:電流變壓器T_1用來檢知功率變壓器T_2的初級電流,變壓器T_1的次級電壓經由橋式整流器(由D_1、D_2、D_3與D_4組成)予以整流,然後再以電容器C_1來將整流過電壓予以平滑化,可變電阻器R_1用來設定比較器輸入端的臨限電壓,在正常操作情況下,比較器的V_{ref}參考輸入端電壓會高於電位器R_1上的電壓,此時比較器的輸出會在高電位。因此,IC555單擊多諧振盪器(one-shot multivibrator)會有低準位的輸出,使得Q_1電晶體保持在OFF狀態。

如果過載情況發生,電壓V_1會高於V_{ref},使得比較器的輸出在低電位,因此在IC555輸入端由高電位至低電位的轉移過程,會在IC555輸出端產生單擊輸出,而將Q_1電晶體導通,此時電晶體的集極端會連接至關閉的輸入端或是PWM電路的柔和起動電容器上,所以會牽引至地電位,而終止了輸出轉換脈波,並將穩壓器關閉。

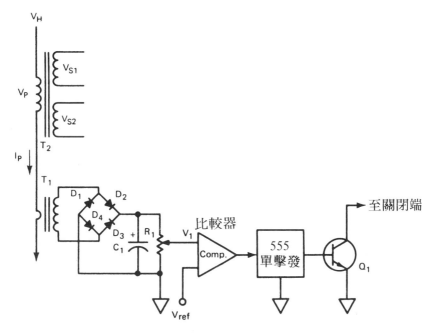

圖8-12 當過載被檢知時，單擊多諧振盪器用來產生電流限制的"打嗝(hiccup)"作用

如果過載情況持續著，電源供給器會處於類似"打嗝(hiccup)"狀態的模式中，也就是它會以IC555單擊RC時間常數的週期在ON與OFF狀態之間不停地轉換，除非將過載除去，電路才會自動回復到正常狀態。至於環型電流變壓器的設計方法會與8-5-2節所描述的相同。

8-6 過電壓保護電路(OVERVOLTAGE PROTECTION CIRCUITS)

過電壓保護電路的作用就是當輸出電壓超過其預定之值時，會將輸出電壓箝制至安全範圍值，雖然過電壓情況的威脅會與線性電源供給器十分相似，但是轉換式電源供給器也未必會有此情況。事實上，大多數的轉換式電源供給器之故障產生乃為"沒有輸出"情況，那為什麼又要使用過電壓保護電路呢？

理由有二點。首先，在具有可調整輸出的電源供給器中，過電壓保護電路可用來防止意外過調的輸出。其次，在過電壓發生之時，我們必須確保使用者在安全範圍之內，即使此情況很少發生，還是需要過電壓保護電路，以策安全。

因此，在提供電源之用的電源供給器的電子電路中，使用過電壓保護電路此乃明智之舉，所以過電壓保護(OVP)電路將可以正確地保護電路免於因裝配誤差而造成意外的過電壓產生，尤其是當一個以上的電壓纏繞在相同的電路上時。最簡單且又最有效能完成OVP電路方法是在直流電源匯流排上使用"橇桿式(crowbar)"SCR電路，當過電壓情況被檢知出來時，經由某種方式將SCR導通，因此可將輸出端短路掉，由於在SCR導通期間會有大量的電流流經其上，所以在選擇元件時需特別小心，方能達到適合設計之需求。

8-6-1 以稽納二極體做偵測的保護電路 (The Zener Sense OVP Circuit)

在圖8-13為最常被用來使用的OVP電路之一，雖然對SCR來說，此電路所提供的閘極驅動並不十分好，而且也會降低SCR的di/dt容許能力，但是對低價格的設計而言，它已能正確地達到保護之效果了。在正常操作下，SCR的閘極是在地電位的，並使得SCR處於OFF狀態，當過電壓被檢知出來時，稽納二極體Z_1被導通，此時SCR閘極會到達稽納電壓，而將SCR導通了，因此輸出端就被短路了。

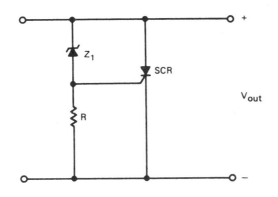

圖 8-13　由稽納二極體與 SCR 組成的 OVP 電路

　　一旦 SCR 被觸發後，它還會保持在 ON 狀態，一直到其陽極電壓被移去時，才會回復到 OFF 狀態，此種情況在電源供給器中，只要移去輸入電源幾秒鐘的時間，即可達成此目的。

8-6-2　以積體電路做過電壓保護電路
(Integrated OVP Circuits)

　　近年來已經有一些 OVP 積體電路，由製造廠商陸陸續續推陳出來，大多數這些電路價格都很便宜，而且能提供給設計者許多設計上的特色，例如可規劃式的臨限跳脫電壓，快速的響應，與低的溫度係數跳脫等特性。

　　最早期的這些 ICs 首推 MC3423，它已成為工業上的標準，在圖 8-14 則為 MC3423 的基本方塊圖，由圖中可得知它是由穩定的 2.6V 參考電壓，二個比較器與高電流的輸出所組成，當第 2 腳的電壓大於 2.6V 時，輸出會被激發，或是在第 5 腳置一個高邏輯準位於遙遠激發(remote activation)上。

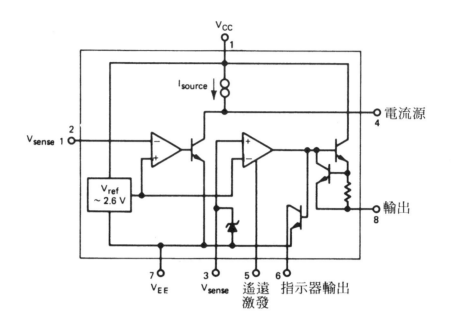

圖8-14　MC3423 OVP電路方塊圖

在圖8-15所示為MC3423在OVP的基本應用，在這個電路中，R_1 與R_2電阻是用來設定臨限跳脫電壓(threshold trip voltage)值，因此V_{trip} 與R_1、R_2之間之關係為

$$V_{trip} = 2.6 \left(1 + \frac{R_1}{R_2} \right)$$
(8-11)

在此R_2電阻值最好需低於10kΩ，以減少漂移至最低值。

我們也可以利用圖8-16的圖表來計算R_1與R_2電阻值，在此圖表中，R_2設定為2.7kΩ，因此可直接由V_{trip}電壓值與斜線的交點，得出R_1電阻值。

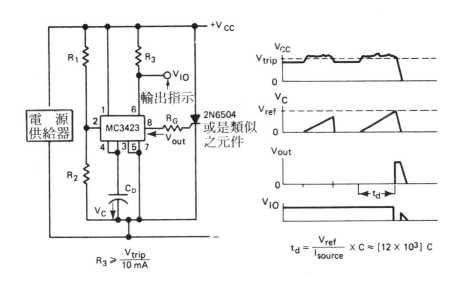

$$R_3 \geqslant \frac{V_{trip}}{10\ mA}$$

$$t_d = \frac{V_{ref}}{I_{source}} \times C \approx [12 \times 10^3]\ C$$

圖 8-15 典型的 MC3423 OVP 應用

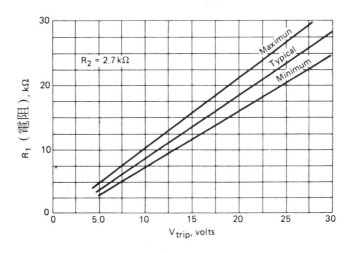

圖 8-16 臨限電阻值可直接由此表計算得之，此乃以 MC3423 OVP
電路的 R_1 電阻對跳脫電壓所繪得

MC3423 OVP 電路也具有可規劃的延遲特性，當使用於多雜訊的
環境中時，它可用來防止錯誤的觸發。因此，在圖 8-15 中，我們使用

電容器C_D從第3腳與第4腳連接至負電位端,即可達成此功能。電路的操作原理說明如下:當V_{cc}電壓升高至由R_1與R_2所設定的跳脫點時,內部電流源開始向第3腳與第4腳的電容器C_D充電,如果過電壓情況維持一段足夠長的時間,則電容器電壓V_{CD}會到達V_{ref}電壓值,此時輸出就會被激發了,如果過電壓在此情況發生之前消失,則電容器會較充電所需時間,以更快10倍速度放電掉,重置了定時(timing)特色,延遲電容器C_D之值可由圖8-17的圖表求得。

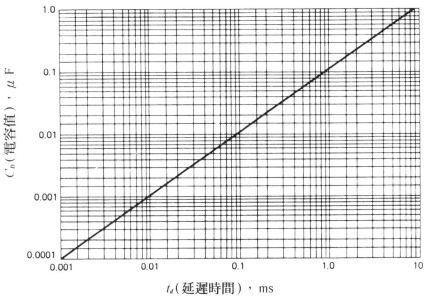

圖8-17 MC3423 OVP電路的延遲電容值C_D對最小過電壓延遲時間t_d

另外一個更詳盡的OVP電路為MC3425,它與MC3423有許多類似的地方,但是MC3425在欠電壓檢知下也可以被規劃,而且也可以做線上損失的監測,在圖8-18則為MC3425的方塊圖。注意此IC為一雙通道之電路,並具有過電壓(overvoltag;OV)與欠電壓(undervoltage;

UV)之輸入比較器，其內部之參考電壓則爲2.5V。欠電壓(UV)輸入比較器有一I_h電流汲入12.5μA之回授，而此則可用來規劃遲滯電壓V_H。而流經遲滯電阻之遲滯電壓爲

$$V_H = I_H R_H = (12.5 \times 10^{-6})R_H \tag{8-12}$$

MC3425的OV與UV延遲端的第2腳與第5腳可以提供每一通道第1腳與第6腳分別予以延遲輸出，如此提供了較大之輸入雜訊免疫之能力。基本上這兩個延遲輸入端都分別是輸入比較器的輸出端，而且當非反相輸入端之準位大於反相輸入端之準位時，則可提供200μA之恒流源I_d。若在這兩個延遲輸入端對地加入一電容，則可以在第1腳與第6腳之輸出得到一可預測之t_d時間延遲。另外，這兩個延遲輸入端在內部也會分別連接至OV與UV輸出比較器的非反相輸入端，反相輸入端則連接至2.5V之參考穩壓器。因此，延遲時間t_d會基於恒流源I_d，使其外部之延遲電容C_d之電壓改變至2.5V而定。所以，延遲時間可以計算如下：

$$t_d = \frac{V_{\text{ref}}C_d}{I_d} = \frac{2.5C_d}{200} = (12.5 \times 10^3)C_d \tag{8-13}$$

由(8-13)式可以得知，若要得到較大範圍之延遲時間，我們也很容易由上式計算出所需之延遲電容，亦可由圖8-17來直接得到電容值。

　　當輸入比較器之非反相輸入端小於反相輸入端之電位時，則延遲之輸入端之電位會變成在低電位狀態。延遲輸入端汲入電流I_d之能力會大於1.8mA且遠大於基本的汲出電流200μA，如此使得延遲電容有非常快速之放電時間。

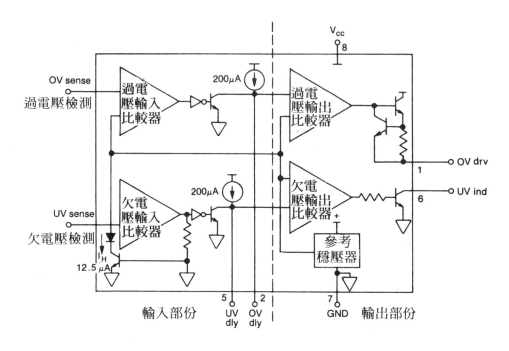

圖 8-18 MC3425 雙通道電源監測 IC，可做過電壓與欠電壓之保護作用

　　過電壓驅動輸出之電路乃為一電流限制的射極隨耦器，在導通時轉動率為2A/μs情況下能夠汲出300mA之電流，很適合應用在驅動"橇桿式(crowbar)"的SCRs。至於欠電壓輸出部份乃為NPN電晶體開集極之電路，能夠提供汲入電流30mA，足以驅動LEDs、小型繼電器、或是關閉電路。這些電流大小能夠同時適用於操作在雙通道之情況，如此亦不會超過此元件功率消耗之極限值。MC3425 IC內部具有一2.5V之參考穩壓器，精確度為±4%。

　　在圖8-19所示就是MC3425在過電壓保護電路與欠電壓故障指示之基本應用電路。注意延遲電容則分別加入在第2腳與第5腳中。

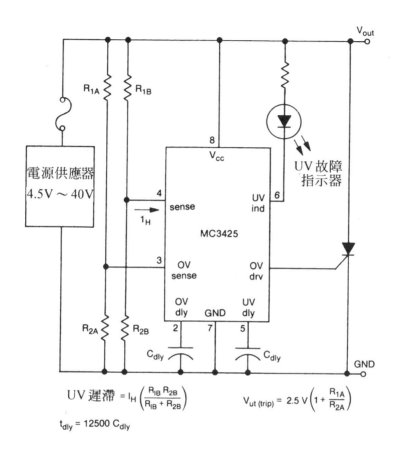

UV 遲滯 $= I_H \left(\dfrac{R_{IB} R_{2B}}{R_{IB} + R_{2B}} \right)$

$V_{ut\ (trip)} = 2.5\,V \left(1 + \dfrac{R_{1A}}{R_{2A}} \right)$

$t_{dly} = 12500\ C_{dly}$

圖 8-19　使用 MC3425 規劃可延遲之過電壓保護與欠電壓故障指示之電路

8-7　交流線路損失偵測電路
(AC LINE LOSS DETECTORS)

在許多的電腦應用例中，當交流線電路有損失時或是源突然被中斷時，此時必須適時地偵測出來，使得電源在失效之前，能將有價值的資料轉移至不受變化的記憶庫去，或是去觸發無間斷電源供給器(

UPS)。此線路損失的偵測必須在交流頻率的一個或二個週期內來完成，因爲大多數的轉換式電源供給器都有最小值的保持時間(hold-up time)約爲16ms，因此在線路損失的偵測與接收時間(take-over time)之間足夠去供給電源至電路上。

　　使用MC3425積體電路，電源供給器設計者可以達成兩個設計目標。首先，MC3425的一半部份可以利用做爲OVP電路，而另一半部份則用來檢知交流線路損失或是電源突然中斷情況，在圖8-20就是一個典型的應用例子。

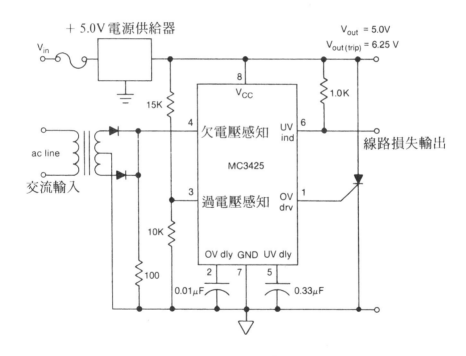

圖8-20　MC3425積體電路可獨立用來檢知交流線故障與過電壓情況

　　在MC3425的線路損失偵測器中，第4腳輸入端會被連接做爲欠電壓檢知電路去檢知與交流電壓成比例的中間抽頭全波整流信號。在線上每一峰值時比較器的輸出將延遲電容器C_D放電，如果線上電壓錯失了半週期或是電源中斷突然發生而減少了峰值線上電壓，此時延遲電容不會被放電，反而會繼續被充電，如圖8-21所示。如果足夠數目的半週期被錯失了，或是電源中斷持續了一段足夠長的時間，此時電路將會偵測出交流線路的故障，而且會將第6腳牽引至低電位，輸出指示器會有線路故障的顯示。

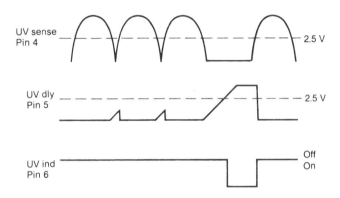

圖 8-21　此波形圖說明了圖 8-20 之電路在突然斷電與線路損失檢知之情況

延遲電容可用來提供雜訊免疫力(noise immunity)，而且可預防單一的半週期損失，以免觸發了線路故障信號，因此故障情況發生的最小值時間可以改變調整延遲電容器之值而獲得，我們可以使用圖8-17的圖表來獲得所需的延遲電容器之值。

第九章
轉換式電源供給器
穩定度分析與設計
(STABILITY IN
SWITCHING
POWER
SUPPLIES:
ANALYSIS AND
DESIGN)

9-0 概論(INTRODUCTION)

　　本章所要討論的穩定度(stability)乃指轉換式穩壓器的閉環路頻率響應，無庸置疑的在這方面人們已付諸許多的研究，而在國外更有許多相關的論文被發表與討論，但是對大多數的工程師及學生而言，在回授控制的環路穩定度方面還是不甚了解。就目前來說雖然大部份設計者都知道轉換式電源供給器振盪的原因為何，人們也使用嘗試－錯誤(trial-and-error)的方法來穩定環路系統，更進一步則建立數學模式用電腦來設計分析。

　　因此本章乃針對回授環路穩定度提出討論，將理論與實際一齊連貫起來，使讀者能在轉換式穩壓器的穩定度方面，祇需花費稍許的功夫，就能獲致很大的實際收獲。

9-1 拉普拉斯轉換 (THE LAPLACE TRANSFORM)

　　在大部份的線性系統中，系統的特性常由輸入與輸出之間的關係來描述，而且以數學模式所建立的微分或積微分的方程式，對某些輸入激發信號能夠表示出系統響應的觀念，而這些方程式大都是以時域(time domain)來表示，因此在處理上就顯得有些困難，所以我們可將這些方程式經由拉普拉斯轉換(laplace transform)到頻域(frequency domain)中，如此就變成為代數(algebraic)的形式，在處理上就來得容易些，經由頻域分析所得之結果，可再經由拉普拉斯逆轉換回到時域中。

如果我們定義$f(t)$是時間的任何函數，在$t < 0$時，$f(t) = 0$且積分$\int_0^\infty f(t)e^{-st}dt$為有限值，如此我們就稱$f(s)$為$f(t)$的拉普拉斯轉換，拉普拉斯運算子$"s"$被定義成如下的複數

$$s = \sigma + j\omega \tag{9-1}$$

而拉普拉斯轉換也定義成如下

$$f(s) = \int_0^\infty f(t)e^{-st}\,dt \tag{9-2}$$

例題 9-1

試求單位步級函數的拉普拉斯轉換，定義$f(t) = 1$，在$t > 0$時，而且$f(t) = 0$，在$t < 0$時。

解：利用(9-2)式我們可得

$$f(s) = \int_0^\infty 1e^{-st}\,dt = -\frac{1}{s}e^{-st}\Big|_0^\infty = -\frac{1}{s}(e^{-\infty} - e^0)$$

因此　　$f(s) = \dfrac{1}{s}$

由例題9-1可得知，在任何時間的函數可經由複變數s來轉換，萬一此結果需要在時域中時，則其反拉普拉斯轉換為

$$f(t) = \frac{1}{2\pi j}\int_{\sigma-j\infty}^{\sigma+j\infty} f(s)e^{st}\,ds \tag{9-3}$$

因此由上式可得到$f(t)$。

由$f(s)$與$f(t)$所建立的表中，我們能夠快速且有效地求出此二者時域與頻域之間的轉換。

9-2 轉移函數(TRANSFER FUNCTIONS)

但是我們要如何將拉普拉斯轉換用於所研究的系統穩定度上,而能推論出有用的訊息呢?第一個步驟就是要推論出系統的輸入驅動信號與輸出響應之間的關係。例如,讓我們檢驗圖9-1的簡單RC電路,利用克希荷夫定律(kirchhoff's law)則可寫出其網路方程式為

$$V_{in} = iR + \frac{1}{C} \int i \, dt$$

而且
$$V_{out} = \frac{1}{C} \int i \, dt$$

以$q = \int i \, dt$來取代,則上面的方程式可變為

$$V_{in} = R \frac{dq}{dt} + \frac{q}{C}$$

而且
$$V_{out} = \frac{q}{C}$$

取拉普拉斯轉換,則

$$V_{in}(s) = \left(sR + \frac{1}{C} \right) q(s) \tag{9-4}$$

而且
$$V_{out}(s) = \frac{q(s)}{C} \tag{9-5}$$

將方程式(9-4)與(9-5)相除,我們可得

$$\frac{V_{out}(s)}{V_{in}(s)} = \frac{1}{sRC + 1} \tag{9-6}$$

$V_{out}(s)/V_{in}(s)$的比值我們將它定義為轉移函數(transfer function)$G(s)$,由

此函數可得知，其結合了增益(gain)與相位(phase)之特性。因此，任何系統都可以用轉移函數來描述，所以

$$G(s) = \frac{N(s)}{D(s)} \tag{9-7}$$

由上面的方程式$N(s)=0$的根稱之為系統的零值(zeros)，而$D(s)=0$的根稱之為系統的極值(poles)，若要畫出轉移函數的增益與相位，則簡便的方式是以分貝(decibel)為基準即可得出，因此所畫出來的函數曲線就稱為波德圖(bode plots)

9-3　波德圖(BODE PLOTS)

在前面我們提到轉移函數方程式含有極值與零值，而且也能夠決定增益圖形的斜率，讓我們現在先來檢驗一下方程式(9-6)與圖9-1，由此方程式可得知分母中有一極值，也就是設定$sRC+1=0$，我們可得

$$sRC = -1$$

而且

$$s = -\frac{1}{RC} \Rightarrow f = -\frac{1}{2\pi RC} \tag{9-8}$$

(9-8)式所示乃為一個非常重要的結果——也就是在頻率$f_c = \frac{1}{2\pi RC}$時，極值將使得增益圖形的轉移由0至－1，由於漸近線會在f_c點產生轉折，因此，f_c此點的頻率就稱之為角頻率(conner frequency)，或是轉折頻率(break frequency)。

如果我們要決定此漸近線的變化率，我們可用每八度(octave)有－6dB的斜率，或是用每十進(decade)有－20dB的斜率來表示，所謂八度乃指2：1的頻率範圍，而十進則指10：1的頻率範圍，同樣的電

路中相位變化在$f_c/10$與$10f_c$兩點間會產生90°的相位落後(phase lag)。

總括來說,極值將會產生＋1至0的斜率變換,或是0至－1,或是－1至－2,或是－2至－3等變換,這就相當於每八度增益的變化為＋6dB、0dB、－6dB、－12dB與－18dB,相對的其相移(phase shift)則為＋90°、0°、－90°、－180°與－270°。若是每十進增益的變化為＋20dB、0dB、－20dB、－40dB與－60dB,相對的其相移則為＋45°、0°、－45°、－90°與－135°。

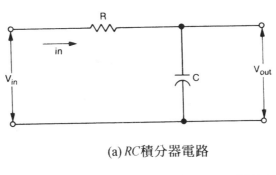

(a) RC積分器電路

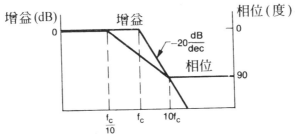

(b) 增益與相位圖

圖 9-1

在另一方面,在頻率中的零值點其波德圖的斜率是向上轉折的,因此,所產生增益圖形的變換斜率是由－1至0,或是－2至－1,或是－3至－2等,所以此時相移將超前(lead)90°,在圖9-2所示為產生極值的電路,與產生具有極值和零值的電路。

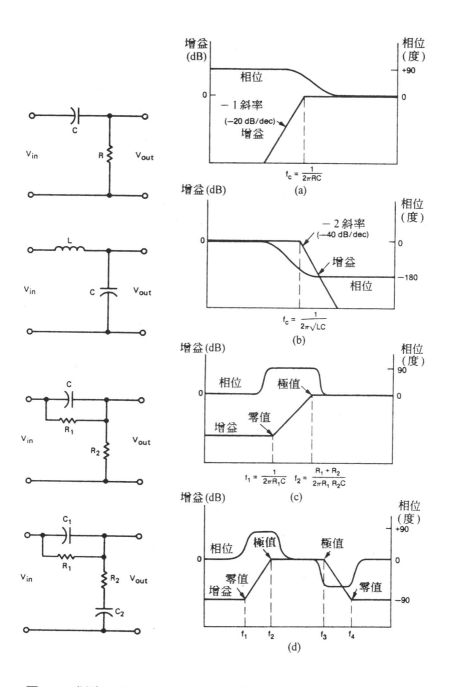

圖9-2　網路(a)與(b)產生極值，而網路(c)與(d)產生極值與零值

然而爲了能畫出任何網路的波形圖，首先須利用拉普拉斯轉換求得其轉移函數，然後再將方程式整理成如下的形式

$$\frac{V_{out}}{V_{in}} = \frac{(1 + s\tau_1)(1 + s\tau_2) \cdots (1 + s\tau_n)}{(1 + s\tau_a)(1 + s\tau_b) \cdots (1 + s\tau_m)}$$

而 τ_1、τ_2，……τ_n點就相當於是零值的轉折頻率，而 τ_a，τ_b，……，τ_m點就相當於極值的轉折頻率，然後在對數紙上能畫出增益對頻率的圖形出來，因此可選擇每八度分貝或每十進分貝的增益變化斜率來表示之。

如果要畫相移的圖形時，需記住極值每十進會有90°的相位落後，而零值每十進會有90°的相位超前，由於在增益-相位圖表上的資料都是以分貝方式畫在對數紙上，所以可以簡單的用個別漸近線方式求得圖形，而能推論出最終之關閉程度。

9-4　回授原理與穩定度的準據(FEEDBACK THEORY AND THE CRITERIA FOR STABILITY)

任何的轉換式穩壓器都可被視爲閉環路回授控制系統，在圖9-3所示爲閉環路系統的方塊圖，圖中輸出信號會被回授與輸入端信號做比較，參考信號$R(s)$與回授信號$B(s)$在相加點做比較，而產生的誤差信號$E(s)$會輸入至方塊圖$G(s)$，並獲得$C(s)$輸出信號，爲了導出閉環路轉移函數$f(s)$，我們可用下列過程得之：

$$C(s) = G(s)E(s)$$
$$B(s) = H(s)C(s)$$
$$E(s) = R(s) - B(s) = R(s) - H(s)C(s)$$

由上面的方程式可將$E(s) = C(s)/G(s)$來取代，則我們可得

$$C(s) = G(s)R(s) - H(s)G(s)C(s)$$

因此閉環路的轉移函數爲

$$f(s) = \frac{C(s)}{R(s)} = \frac{G(s)}{1 + G(s)H(s)} \tag{9-9}$$

式子中的$G(s)$爲開環路增益，而$G(s)H(s)$則稱爲開環路轉移函數。

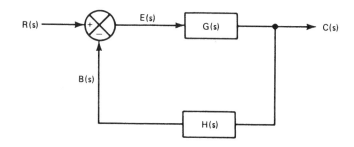

圖9-3　閉迴路回授控制系統的方塊圖

　　爲了導出有關系統的穩定度的結論，則特性方程式的解爲

$$1 + G(s)H(s) = 0 \tag{9-10}$$

將可求得閉環路轉移函數的極值，所以它們具有系統響應的特性。因此，回授系統必須檢查閉環路增益的每一個值，以便決定開環路增益與閉環路增益之間的關閉程度。穩定度分析的目的就是用來減少閉環路增益的滾轉率(roll-off rate)至－1的斜率，也就是每八度爲－6dB，或是每十進爲－20dB。在單位增益交越(0dB)的範圍，此時相移將會少於360°時，增益會低於單位1之總值稱之爲增益邊限(gain margin)，而相位邊限(phase margin)乃爲實際相移與360°之間的差值，此時環路增益爲1單位，如圖9-4所示。

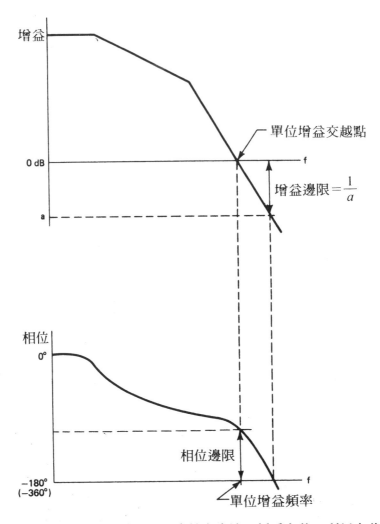

圖9-4 回授系統的相位與增益邊限圖。由於在直流回授爲負的，所以在此相移以
180°畫出，也就是有額外的180°相移，總共的相移爲360°如本文所定義的

在圖9-5所示就是典型的交換式電源供給器閉迴路系統。基本上
此閉迴路系包括兩個部份：由控制電路與轉換器組成的調變器(modu-
lator)，以及回授作用之誤差放大器(error amplifier)。雖然在此所示之
調變器爲一降壓型穩壓器，不過在下面之討論中不管它多麼複雜，都

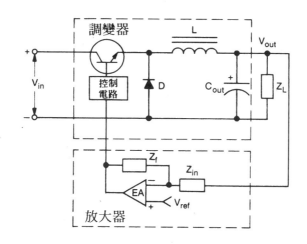

圖9-5　變調器與誤差放大器組成之基本回授控制迴路

視之為調變器。

　　為了要達到整個系統之穩定操作，則回授網路之設計必須達到最佳化，首先，要決定出並畫出調變器控制至輸出之轉移函數之波德圖。調變器基本之增益與相位之波德圖就如圖9-6與圖9-12所示。下一個步驟就是決定單位增益之交越頻率與所期望之相位邊限。至於單位增益交越頻率之選擇是以所期望之性能做為選擇依據，不過我們可以大致選擇在穩壓器交換頻率1/5之處做為單位增益交越頻率。

　　當迴路增益(loop gain)在單位增益(0dB)時，真正的相移(phase shift)與360°之間的差值就是所期望的相位邊限(phase margin)，此值最少要有30°系統才有較好之特性。最好相位邊限在60°左右，如此則可獲得較好之暫態響應。最後，就是要補償回授之誤差放大器，使其增益在所期望之頻率下會等於調變器增益之倒數。

　　為了達到系統之穩定度以及足夠的相位邊限，則放大器增益與調變器增益結合而所產生的整個增益波德圖，在所期望的交越頻率，斜率為－1之處,會通過單位增益(0dB)線,如圖9-14所示。斜率為－1就是相位落後(phase lag)90°,加上原來在反相放大器之180°相移,總共之相位落後為270°。由於此相位落後距離360°還有90°,所以相位邊限就是90°。要注意的是,如9-3節所述,斜率－1就是有90°相位落後,斜率－2就是有180°之相位落後,斜率－3就是有270°之相位落後。所以,顯而易見的,若整個迴路系統單位增益是交越在－2斜率之處,由於整個相移是360°,因此,相位邊限為零;若整個迴路系統單位增益是交越在－3斜率之處,整個相移超過360°,所以會有振盪之情況產生。

在下面的章節中,我們將進一步對誤差放大器之增益做分析與設計,並可實際預測且畫出任何交換穩壓器之迴路響應圖,而不需再重複嘗試做trial-and-error了。

9-5 穩定度的分析(OFF-THE-LINE SWITCHING POWER SUPPLY STABILITY ANALYSIS)

9-5-1 控制─輸出轉移函數 (Control-to-Output Transfer Function)

所有非線上PWM轉換式電源供給器大都是由調變器、誤差放大器、隔離變壓器與LC輸出濾波器所組成,而使用IC PWM控制器的轉換式電源供給器,其控制-輸出轉移函數包括了鋸齒波調變器的增益,功率轉換電路與輸出濾波器的特性。

　　在單端直接工作週期控制的PWM電源供給器中，電壓V_c提供至PWM比較器的控制端(見圖7-3與7-5)與一定振幅的鋸齒波電壓V_S做比較，因此，可改變比較器的輸出工作週期0至1。所產生驅動波形的工作週期δ會變化為

$$\delta = \frac{V_C}{V_S} \tag{9-11}$$

　　buck型式的轉換器，也就是前饋式、推挽式與橋式轉換器，它們的增益為

$$\frac{V_{out}}{V_{in}} = \frac{N_S}{N_P}\delta = \frac{N_S}{N_P}\frac{V_C}{V_S} \tag{9-12}$$

在此N_S / N_P為變壓器次級至初級的圈數比，而V_{in}為變壓器的初級電壓。

　　而buck-booss型式的轉換器，如返馳式轉換器，其增益為

$$\frac{V_{out}}{V_{in}} = \frac{N_S}{N_P}\frac{\delta}{1-\delta} = \frac{N_S}{N_P}\frac{V_C}{V_S - V_C} \tag{9-13}$$

為了得到PWM電源供給器的控制至輸出電壓dc(直流)增益，我們將方程式(9-12)與(9-13)對V_c電壓微分，也就是$\partial V_{out}/\partial V_c$，因此對buck型式的轉換而言，則為

$$\frac{\partial V_{out}}{\partial V_C} = (dc\ gain) = \frac{V_{in}}{V_S}\frac{N_S}{N_P} \tag{9-14}$$

將上式直流增益(dc gain)取分貝值，則變為

$$(dc\ gain)_{dB} = 20\ \log_{10}\left(\frac{V_{in}}{V_S}\frac{N_S}{N_P}\right) \tag{9-15}$$

若對buck-boost型式的轉換器而言，則為

$$\frac{\partial V_{out}}{\partial V_C} = (\text{dc gain}) = \frac{V_{in}}{(V_S - V_C)^2}\frac{N_S}{N_P} = \frac{(V_{in} + V_{out})^2}{V_{in}V_S}\frac{N_S}{N_P} \tag{9-16}$$

將上式直流增益(dc gain)取分貝值，則變為

$$(\text{dc gain})_{dB} = 20\log_{10}\left[\frac{(V_{in} + V_{out})^2}{V_{in}V_S}\frac{N_S}{N_P}\right] \tag{9-17}$$

在另一方面，輸出濾波器一般都為LC型式，其具有－2(每十進－40 dB)的斜率，如圖9-2(b)所示。電源供給器整個閉環路的增益為

$$\frac{\partial V_{out}}{\partial V_C} = [(\text{Gain})\, H(s)] \tag{9-18}$$

方程式(9-18)的波德曲線具有重要的意義，其直流增益會將LC濾波器的共振頻率平坦化，而且之後會下降在－2(每十進－40dB)斜率之處，如圖9-6所示。

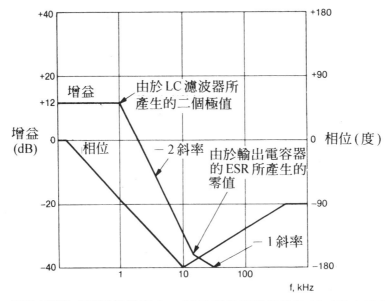

圖9-6　PWM轉換式電源供給器中IC濾波器與調變器的控制至輸出轉移函數特性曲線。在20kHz處－1的斜率會產生零值，此乃由於輸出濾波電容器的ESR所引起。圖中亦示出相位曲線圖

9-5-2　誤差放大器的補償
(Error Amplifier Compensation)

　　大多數PWM控制的ICs，其誤差放大器乃為高增益的運算放大器，能產生誤差信號至調變器的控制輸入端，而誤差放大器的主要任務就是將PWM轉換式電源供給器的環路閉合起來，並且其目的是在放大器周圍設計回授網路，如此整個環路增益－1(每十進－20dB)斜率時會經過0dB(單位增益)線。

　　為了能以波德圖方式畫出放大器之特性，其增益必須寫成拉普拉斯的形式，讓我們首先查驗一下運算放大器之性質，並且瞧瞧我們如何以拉普拉斯的形式來寫出其轉移函數，在圖9-7所示為運算放大器與其回授阻抗，由先前所提可得知此電路的轉移函數為輸出電壓與輸入電壓之比，因此對運算放大器而言，則為

$$\frac{V_{\text{out}}}{V_{\text{in}}} = \frac{Z_f}{Z_i} \tag{9-19}$$

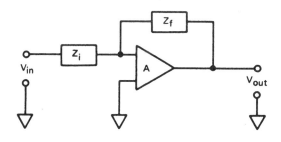

圖9-7　具有回授阻抗的簡單運算放大器電路

　　由於Z_i與Z_f代表複數阻抗，因此，當拉普拉斯轉換時，(9-19)式會變為下列形式

$$\frac{V_{out}}{V_{in}} = \frac{(\tau_1 s + 1)(\tau_2 s + 1)}{(\tau_3 s)(\tau_4 s + 1)} \tag{9-20}$$

在(9-20)式的運算子 τ 代表RC時間常數，分子項代表零值，而分母項則代表極值，而 $\tau_3 s$ 此項由於缺少＋1項，所以它代表原點的極值。

　　爲了使我們能夠很容易以複數阻抗寫出任何運算放大器的轉移函數，而且也能畫出轉移函數的波德圖，所以我們以圖9-8的例子來做說明，由電路我們可得知

$$\frac{V_{out}}{V_{in}} = \frac{Z_f}{Z_i} = \frac{R_3 + 1/C_2 s}{R_2 + \{R_1(1/C_1 s)/[R_1 + (1/C_1 s)]\}} \tag{9-21}$$

$$\frac{V_{out}}{V_{in}} = \frac{R_3 + 1/C_2 s}{R_2 + \{(R_1/C_1 s)/[(R_1 C_1 s + 1)/C_1 s]\}} = \frac{R_3 + 1/C_2 s}{R_2 + [R_1/(R_1 C_1 s + 1)]}$$

$$= \frac{(R_3 C_2 s + 1)/C_2 s}{(R_1 R_2 C_1 s + R_1)/(R_1 C_1 s + 1)} = \frac{(R_3 C_2 s + 1)/C_2 s}{R_1(R_2 C_1 s + 1)/(R_1 C_1 s + 1)}$$

$$= \frac{(R_3 C_2 s + 1)(R_1 C_1 s + 1)}{(R_1 C_2 s)(R_2 C_1 s + 1)} \tag{9-22}$$

將(9-22)式與(9-20)式比較可得

$$\tau_1 = R_3 C_2$$
$$\tau_2 = R_1 C_1$$
$$\tau_3 = R_1 C_2$$
$$\tau_4 = R_2 C_1$$

而高頻放大器的增益是由電阻R_2與R_3來設定，因此，在頻率f_3的增益爲

$$AV_2 = \frac{R_3}{R_2} \tag{9-23}$$

在頻率f_1與f_2的增益爲

$$AV_1 = \frac{R_3}{R_1 + R_2} \qquad\qquad (9\text{-}24)$$

因此，波德圖的轉折或角頻率，則由下式決定之：

$$f_1 = \frac{1}{2\pi R_1 C_1} \qquad\qquad (9\text{-}25)$$

$$f_2 = \frac{1}{2\pi R_3 C_2} \qquad\qquad (9\text{-}26)$$

而且　　$$f_3 = \frac{1}{2\pi R_2 C_1} \qquad\qquad (9\text{-}27)$$

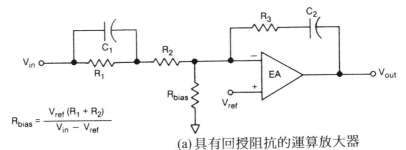

$$R_{bias} = \frac{V_{ref}(R_1 + R_2)}{V_{in} - V_{ref}}$$

(a) 具有回授阻抗的運算放大器

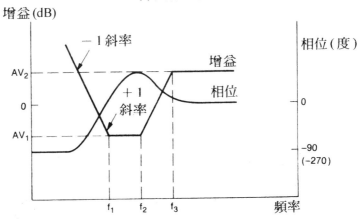

(b) 由增益波德圖得知有一對零值-極值。圖中亦示出相位曲線圖

圖 9-8

在實際的設計應用中，轉折頻率在設計目的上正常地會被預定，然後用(9-23)至(9-27)式就很容易地計算出電阻器與電容器之值，在圖9-8(a)的電路可用在任何PWM轉換式電源供給器中做誤差放大器補償之用。因此，為了在0增益交越處達到−1的斜率，整個環路增益需通過頻率f_2與f_3之間，這也就是環路穩定度分析的最終目的。

在此我們將介紹一些受歡迎的誤差放大器補償網路，圖9-9所示就是最簡單形式的單極值回授放大器，其轉移函數為

$$\frac{V_{\text{out}}}{V_{\text{in}}} = \frac{1}{RCs} \tag{9-28}$$

而其轉折頻率為 $\qquad f_c = \dfrac{1}{2\pi RC}$ (9-29)

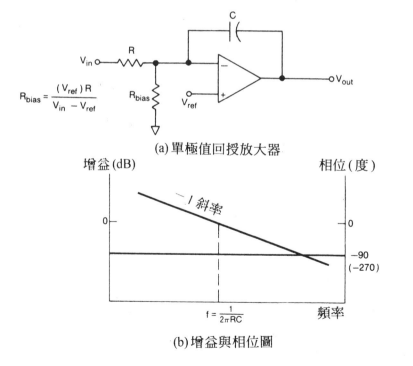

(a) 單極值回授放大器

(b) 增益與相位圖

圖9-9 稱之為型式1的放大器

　　另外一個放大器結構如圖9-10所示，在此網路中會有一對極值-零值產生，而在其頻率範圍內增益是平坦的，而且沒有相移產生，也就是在轉折頻率f_1與f_2範圍之間具有恒定的增益，當此電路在PWM電源供給器中當做誤差放大器使用時，此範圍必須做環路增益交越之用。

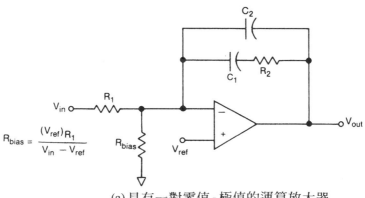

(a) 具有一對零值-極值的運算放大器

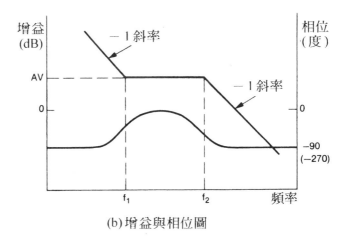

(b) 增益與相位圖

圖9-10　稱之為型式2的放大器

在先前所討論分析的方法亦可用於此電路中，而能導出增益與轉折頻率，產生之結果如下所示

$$AV = \frac{R_2}{R_1} \tag{9-30}$$

$$f_1 = \frac{1}{2\pi R_2 C_1} \tag{9-31}$$

$$f_2 = \frac{C_1 + C_2}{2\pi R_2 C_1 C_2} \approx \frac{1}{2\pi R_2 C_2} \tag{9-32}$$

當電源受到輸出負載改變時，圖9-8與9-10的放大器可用來提供改進電源供給器的暫態響應，而相對的圖9-9放大器則為緩慢的響應。

而在圖9-11的放大器雖然看起來似乎較複雜些，但是卻有較好的暫態響應，在這個電路中會有兩對零值-極值產生，而在其頻率範圍內增益會在＋1斜率處增加，並具有90°的相位超前，此放大器的功能非常類似於圖9-8所示的放大器，增益與轉折頻率如下所示：

$$AV_1 = \frac{R_2}{R_1} \tag{9-33}$$

$$AV_2 = \frac{R_2(R_1 + R_3)}{R_1 R_3} \approx \frac{R_2}{R_3} \tag{9-34}$$

$$f_1 = \frac{1}{2\pi R_2 C_1} \tag{9-35}$$

$$f_2 = \frac{1}{2\pi (R_1 + R_3)C_3} \approx \frac{1}{2\pi R_1 C_3} \tag{9-36}$$

$$f_3 = \frac{1}{2\pi R_3 C_3} \tag{9-37}$$

$$f_4 = \frac{C_1 + C_2}{2\pi R_2 C_1 C_2} \approx \frac{1}{2\pi R_2 C_2} \tag{9-38}$$

當圖9-11(a)的電路在PWM轉換式電源供給器中，做爲誤差大器的補償之用時，最好的結果是環路交越發生在頻率f_2與f_3之間。

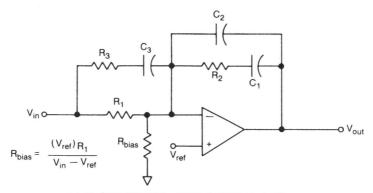

(a)具有兩對零值-極值的運算放大器

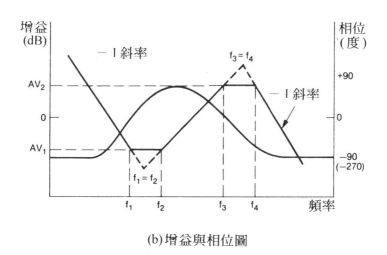

(b)增益與相位圖

圖9-11　稱之爲型式3的放大器

　　雖然有許多電路可做爲誤差放大器補償之用，但是我們前面所介紹的四個電路已足夠用在大多數的PWM轉換式電源供給器中，做環路穩定度的分析與設計。因此，我們將用前面所提的原理，對下面的例題在實際轉換應用中,做一步步穩定度的分析。

例題9-2

考慮半橋式電源供給器的設計,所允許的輸入交流電壓爲$90\,V_{ac}$
至$130\,V_{ac}$,或是$180\,V_{ac}$至$260\,V_{ac}$,工作頻率爲20kHz,並且使用UC3524
A PWM控制電路。LC輸出濾波器的共振頻率爲1kHz,功率變壓器的
初級至次級圈數比爲$N_p/N_s = 18$,爲了達到整個電源供給器的穩定度
,試設計誤差放大器的補償網路,並且畫出整個環路增益的波德圖。

解:首先,我們由前面所提過的四種電路中,選出一種放大器的結構
,雖然祇要小心地設計,所有的放大器都能工作良好,但是我們
還是選擇圖9-11,這是因爲它有較佳的暫態響應。

其次要考慮的是選擇交越頻率,在此增益爲1單位(unity),而且
波德圖會在-1斜率(每十進-20dB)處通過,理論上的限制是將
交越頻率(crossover frequency)設定爲轉換頻率的一半,但是從實
際經驗上,以少於1/5的轉換頻率來使用較爲恰當。因此,我們
選擇交越頻率爲4kHz,此值乃爲1/5的轉換頻率,或是1/10的調
變器頻率。

由於我們使用了UC3524A的控制器,控制電壓V_c會在2.5V上下
擺動,用來改變比較器的驅動波形由0至1,輸入電壓我們取最
差情況$130\,V_{ac}$,利用(9-15)式可得控制至輸出的電壓增益爲

$$= 20\,\log_{10}\!\left(\frac{V_{in}}{V_S}\frac{N_S}{N_P}\right) = 20\,\log_{10}\!\left(\frac{182}{2.5}\frac{1}{18}\right)$$

$$= 20\,\log_{10}\!\left(\frac{182}{45}\right) = 20\,\log_{10} 4.04 = +12\ \text{dB}$$

輸出轉移函數的特性描繪於圖9-12，雖然在實際上圖9-12的漸近
線上會有一個轉折頻率，此乃由於輸出電容器的ESR所引起，但
是在此例中對整個環路增益來說是沒有什麼影響的，因此，為了
簡化起見我們就將它省略了。

由圖9-12可得出，在低頻時控制至輸出的增益為＋12dB，在頻
率1kHz以上時會有轉折發生，其斜率為－2(每十進－40dB)，所
以在4kHz的交越頻率時，其控制至輸出增益為－12dB，而且事
實上此兩增益的絕對值｜12dB｜乃是全然一致的，因此，對整
個環路增益為零值而言，回授放大器的增益在4kHz時，必須為
＋12dB。

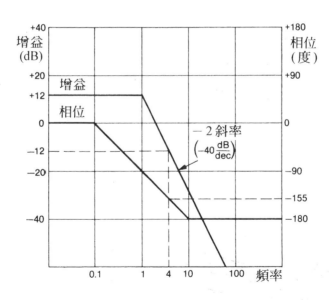

圖9-12　例題9-2的控制至輸出之轉移函數

在此有件重要之事需謹記在心，就是如果整個環路增益在－1斜
率處通過0dB線，則此轉換式電源供給器將是穩定的，由於在－

2斜率處,轉換器的控制至輸出的增益會下降,如圖9-12所描述。因此,為了得到－1的斜率(每十進－20dB),在此點回授放大器必須提供＋1的斜率,也就是回授放大器的增益在4kHz時為＋12dB(或是4.0),並具有＋1的斜率,由於轉換式電源供給器輸入的線電壓會由於電源至高電源之間擺動著,也就是調變器的增益會隨著輸入電壓而變化時,＋1的斜率必須有一些邊限去擴展交越頻率的範圍。

現在,讓我們來求在1kHz之處調變器的增益,其值為

$$AV_1 = \frac{1 \text{ kHz}}{4 \text{ kHz}} (4.0) = 1.00 \quad \text{or} \quad 0 \text{ dB}$$

然後讓我們假設下面回授放大器之特性,並繪其波德圖,在4kHz之處,增益為＋12dB,而且在1kHz之處,增益為0dB,因此,我們希望有兩個零值在1kHz,有一個極值在10kHz,而第二個極值在30kHz,在圖9-13就是所畫的波德圖,由圖中可得

$$AV_1 = 0 \text{ dB} \quad \text{or} \quad 1.00$$
$$AV_2 = 19.96 \text{ dB} \quad \text{or} \quad 9.95$$

而且
$$f_1 = f_2 = 1 \text{ kHz}$$
$$f_3 = 10 \text{ kHz}$$
$$f_4 = 30 \text{ kHz}$$

參考圖9-11(a)與(9-33)式至(9-39)式,則需要得到圖9-13的情況,其電阻值與電容值可計算如下,假設$R_1 = 10\text{k}\,\Omega$,由(9-33)式可得

$$R_3 = \frac{R_2}{AV_2} = \frac{10 \text{ k}\Omega}{9.95} \approx 1 \text{ k}\Omega$$

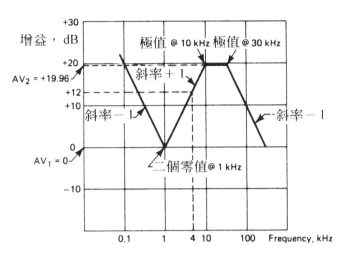

圖 9-13　回授放大器波德圖所示的為期望之頻率與增益特性

由(9-35)式可得

$$C_1 = \frac{1}{2\pi f_1 R_2} = \frac{10^{-6}}{62.8} = 0.015\ \mu F$$

由(9-36)式可得

$$C_3 = \frac{1}{2\pi f_2 R_1} = 0.015\ \mu F$$

由(9-38)式可得

$$C_2 = \frac{1}{2\pi f_4 R_2} = 0.0005\ \mu F$$

最後放大器的設計與整個環路增益如圖9-14所示，圖9-14的結果乃是將圖9-12與9-13相加所得，由圖中我們就可得知，在4kHz之處，且斜率－1，此時整個增益會通過0dB線（單位增益），正如我們所期望的。當然若輸入線電壓在90V_{ac}至130V_{ac}的範圍變化（或是130V_{ac}至260V_{ac}），則交越頻率也將會受到改變，但是交越還是會在－1斜率之處，讀者祇要在低輸入電源90V_{ac}（或180V_{ac}）

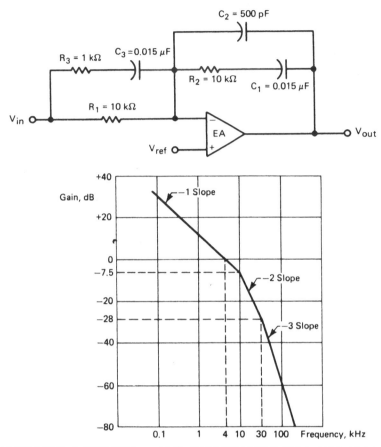

圖 9-14　補償回授放大器與例題 9-2 轉換式電源供給器的整個系統迴路增益圖 (電阻 R_{bleS} 不影響功能，為了簡化起見並沒有顯示在電路圖上)

情況下，繪出環路增益的波德曲線即可證明之。

9-6　利用 *K* 因子做穩定度的分析與合成 (STABILITY ANALYSIS AND SYNTHESIS USING THE *K* FACTOR)

在前面章節中所討論之主題是穩定度的分析與合成，並發展出實際的數學工具可以用來設計補償任何型式的交換式穩壓器之誤差放大器。我們曾經分析過3種基本的放大器，而每一種型式之設計方程式都能夠予以廣範的應用(見圖9-9至9-11)。

在下面章節中，我們將介紹一種新的且功能強大的數學工具，吾人稱之為K因子(K factor)，此種方式可以使得我們在做誤差放大器之分析與合成上會比較容易些。不管是使用降壓器、昇壓型、昇降兩用型之調變器，在分析上都非常有效。

有一點要注意的是，在所有情況下都會使用到外加的運算放大器，或是IC控制電路內部的運算放大器，而且在放大器中為了系統之穩定，則需要使用到負回授之方式。

9-6-1　K 因子(The K Factor)

K因子(K factor)是一個數學工具可以用來定義轉移函數之形狀與特性。不管是選擇那一種型式之放大器，K因子可用來量測在低頻增益之衰減，以及在高頻增益之增加，此乃藉由控制回授放大器波德圖上之極值與零值的位置來達成，並與迴路之交越頻率f有關。

在圖9-15(a)所示為型式1之放大器，其K值為1。這是由於整個相位沒有提升，或是在增益上沒有相對應的增加或減少。

在圖9-15(b)與9-15(c)所示為型式2與型式3之放大器，由這些圖可以得知零值之頻率會低於迴路交越頻率K倍因子，而極值之頻率會高於迴路交越頻率K倍因子。由於迴路交越頻率f為零值與極值頻率之幾何平均，所以在交越頻率之處會有峰值相位提昇。對任一情況而言，當K增加時，相位就會提昇。

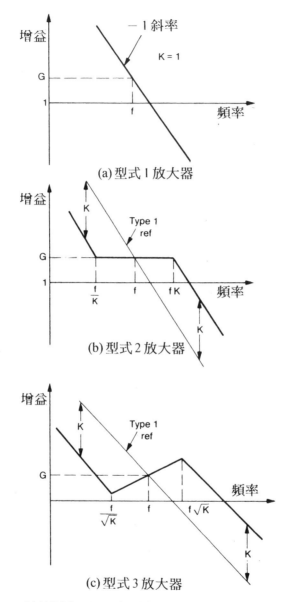

(a)型式 1 放大器

(b)型式 2 放大器

(c)型式 3 放大器

圖 9-15　波德圖與 *K* 因子有關之特性。此座標則以對數來表示
　　　　（可參考圖 9-9 至 9-11）

9-6-2　*K*因子的數學表示式(Mathematical Expression of the *K* Factor)

　　由於一對零值-極值所造成之相位提昇，此值乃爲量測頻率對零值或極值頻率之反正切比。整個相移爲所有零值與極值相移之總和。

　　對型式2的放大器而言，在頻率*f*所提昇之相位可以由下式來表示

$$\text{Boost} = \tan^{-1}(K) - \tan^{-1}(K)\tan^{-1}\left(\frac{1}{K}\right) \tag{9-39}$$

而由此方程式則可證明得知

$$K = \tan\left[\left(\frac{\text{boost}}{2}\right) + 45\right] \tag{9-40}$$

　　對型式3的放大器而言，在頻率*f*所提昇之相位可以由下式來表示

$$\text{Boost} = \tan^{-1}K - \tan^{-1}\left(\frac{1}{K}\right) \tag{9-41}$$

因此　　　　$$K = \left\{\tan\left[\left(\frac{\text{boost}}{4}\right) + 45\right]\right\}^2 \tag{9-42}$$

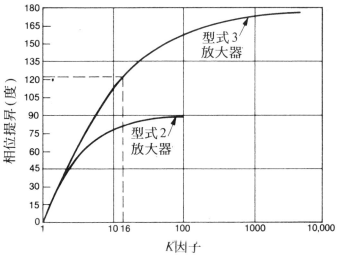

圖 9-16　型式2與型式3回授放大器相位提昇對*K*因子之曲線圖

在圖9-16所示就是型式2與型式3 K因子對相位提昇之曲線圖。而這些曲線可以適用於各種情況，且若已知所需提昇之相位，則由此曲線就能夠很容易決定K因子之大小。

9-6-3 利用 K 因子做回授放大器之合成 (Synthesis of Feedback Amplifiers Utilizing the K Factor)

我們可以依循下面之步驟利用K因子來分析放大器。

步驟 1：畫出調變器之波德圖。在圖9-12所示就是調變器增益與相位之波德圖。

步驟 2：選擇交越頻率。交越頻率在此非常重要，因為我們要整個迴路增益為單位增益。交越頻率愈高，電源供應器之暫態響應愈好。不過實際上對交越頻率之範圍是有所限制的。理論上一般都限制在交換頻率(switching frequency)一半之處，在真正設設上則以少於1/5之交越頻率做為選擇會比較好些。

步驟 3：選擇所期望之相位邊限。此邊限乃為在單位增益時所期望之相位，如圖9-4與圖9-14所示。一般相位邊限的範圍是在30°至90°，最好是在60°較佳。

步驟 4：決定放大器之增益。此增益G是在交越頻率的放大器增益，而且必須等於調變器之損失。當以分貝表示時，放大器之增益就是負的調變器增益，或是放大器增＝1／調變器增益。

步驟 5：計算所需的相位提昇。由下面之式子中我們可以計算得知在放大器中零值-極值對所需之相位提昇

$$Boost = M - P - 90° \tag{9-43}$$

在此M＝所期望之相位邊限，單位為度。

　　P＝調變器之相移，單位為度。

步驟6：選擇放大器之型式。若不需要提昇相位時，則選擇型式1之
放大器，若所提昇之相位小於90°時，則選擇型式2之放大
器，若所提昇之相位小於180°時，則選擇型式3之放大器。

步驟7：計算K因子。可以利用(9-40)式或是(9-42)式來計算K因子，
或是直接從圖9-16之曲線亦可得到。對型式1放大器而言，
$K=1$。轉移函數極值與零值之位置可決定出電路之值。若
極值在原點，則起始之斜率為-1，而此時經過0dB(單位增
益)線之頻率稱為單位增益頻率(unity gain frequency)UGF。

　　下面所示之方程式可以計算出各型式放大器零件之數值大小。

型式1：(圖9-9、9-15(a))

$$C = \frac{1}{2\pi fGR} \tag{9-44}$$

型式2：(圖9-10、9-15(b))

$$UGF = \frac{1}{2\pi R_1(C_1 + C_2)} \tag{9-45}$$

$$C_2 = \frac{1}{2\pi fGKR_1} \tag{9-46}$$

$$C_1 = C_2(K^2 - 1) \tag{9-47}$$

$$R_2 = \frac{K}{2\pi fC_1} \tag{9-48}$$

型式3：(圖9-11、9-15(c))

$$UGF = \frac{1}{2\pi R_1(C_1 + C_2)} \tag{9-49}$$

$$C_2 = \frac{1}{2\pi fGR_1} \tag{9-50}$$

$$C_1 = C_2(K - 1) \tag{9-51}$$

$$R_2 = \frac{\sqrt{K}}{2\pi f C_1} \tag{9-52}$$

$$R_3 = \frac{R_1}{K - 1} \tag{9-53}$$

$$C_3 = \frac{1}{2\pi f \sqrt{K} R_3} \tag{9-54}$$

例題 9-3

　　考慮例題9-2之已知情況，試設計誤差放大器之補償網路，使其達到整個迴路之穩定度，並且在單位增益之交越頻率其相位邊限為 $60°$。

解：從圖9-12所示調變器之波德圖，在4kHz交越頻率之處(調變器頻率的1/10，或交換頻率的1/5)，放大器之增益為4或是 -12dB。由於圖亦可得知調變器之相移為155°。利用(9-43)式計算所需提昇之相位：

$$\text{Boost} = 60 - (-155) - 90 = 125°$$

因此，為了要達成125°之相位提昇，可以利用(9-42)式或是直接由圖9-16之曲線，吾人就可得到所需之 $K = 16$。最後，在圖9-18各個元件之值，則可由(9-50)式至(9-54)式計算出來。

為了方便計算，首先假設電阻 R_1 之值為10kΩ。所以

$$C_2 = \frac{1}{2\pi f G R_1} = \frac{1}{6.28(4 \times 10^3)4 \times 10 \times 10^3} = 0.001\,\mu\text{F}$$

$$C_1 = C_2(K - 1) = 0.001(16 - 1) = 0.015\,\mu\text{F}$$

$$R_2 = \frac{K}{2\pi f C_1} = \frac{\sqrt{16}}{6.28(4 \times 10^3)(0.001)10^{-6}} = 10\,\text{k}\Omega$$

$$R_3 = \frac{R_1}{K - 1} = \frac{10}{16 - 1} = 670\,\Omega$$

$$C_3 = \frac{1}{2\pi f \sqrt{K} R_3} = \frac{1}{6.28(4 \times 10^2)\sqrt{16}(670)} = 0.015 \, \mu\text{F}$$

由於交越頻率f爲4kHz，由圖9-15(c)之曲線可以得知兩個零值之頻率爲$f/\sqrt{K}$會低於交越頻率，而兩個極值之頻率爲$f\sqrt{K}$會高於交越頻率。

兩個零值之頻率爲

$$f_z = \frac{f}{\sqrt{K}} = \frac{4}{\sqrt{16}} = 1 \text{ kHz}$$

兩個極值之頻率爲

$$f_p = f\sqrt{K} = 4\sqrt{16} = 16 \text{ kHz}$$

零值與極值之頻率愈精確，則由(9-35)式至(9-38)式亦可得出所需之零件數值，在實用上前面所計算出來之結果亦非常適用。圖9-17所示就是放大器之波德圖。

單位增益交越頻率會發生在1kHz之處(可利用(9-49)式證明得知)。此例題之結果與先前例題9-2結果相同。

稍有些不同是C_2與R_3之零值數值，這是因爲在例題9-2中極值分別在10kHz與30kHz，而例題9-3兩個極值則在16kHz。在型式3之放大器這些零值與極值分別一致，此爲K因子假設之直接結果。當然我們亦可利用(9-35)式至(9-38)式來分別調整回授之元件數值，如此這些零值或極值可以不需一致在同一點，可予以分別分開。此結果會使得相位曲線擴展得更平坦些，而在交越頻率之相位邊限會被減少。

雖然要特別強調每一種交換式穩壓器電路都有其自己之優點，放大器之設計都要依其最佳之性能來予以設計，不過在此當這些零值與極值分別一致時，可獲得最佳之性能。

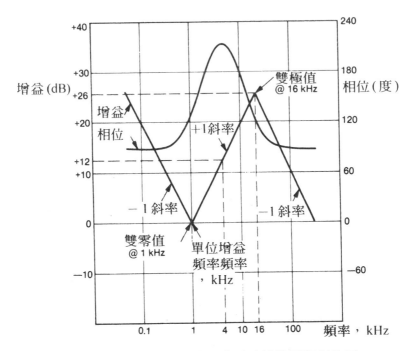

圖9-17 例題9-3放大器之增益波德圖與相位圖

因此，我們已經很成功地完成整個回授放大器之設計，並獲得所期望之系統迴路增益(loop gain)與相位，如圖 9-18 所示。所以，在整個增益圖中經過 0dB 線(單位增益)會在4kHz，圖 4-1 斜率

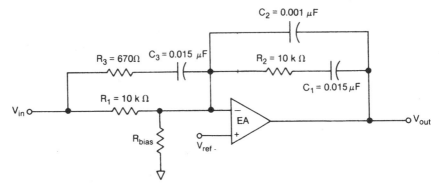

圖9-18 例題9-3補償誤差放大器整個迴路增益與相位圖

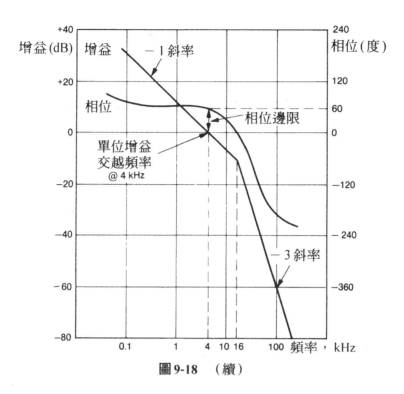

圖9-18　　（續）

至 16kHz 之後會變成－3 之斜率。同時，在單位增益交越頻率之處，其相位邊限為 60°，如所期望！因此，系統會達到穩定之操作。

9-7　環路穩定度的測量
(LOOP STABILITY MEASUREMENTS)

雖然有許多方法可用來測量轉換式電源供給器的整個環路增益，但是最簡單且有效的方法是測量電源供給器的暫態響應，即可得出閉環路穩定度有關情況。暫態響應的測量可在二倍的交流輸入頻率下，轉換輸出負載由其全額值為 75％ 至 100％，如此的負載變化在回復時間結束時，可強制使得回授放大器由一個開環路情況變至閉環路情況。

在圖 9-19 所示為 ±25％負載變化下，典型的暫態響應軌跡。圖 9-19(a)的轉換波形在方波的上升與下降邊緣，會引起開關的輸出電壓有"下陷"或"跳動"之現象產生，這些暫態的V_r電壓大小主要全視輸出

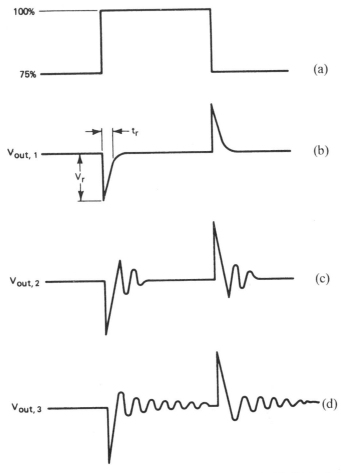

圖 9-19　在25％輸出負載變化下轉換式電源供給器以不同的
回授放大器補償值所產生的暫態響應軌跡

電容器的ESR值而定，然而回復時間t_r乃爲輸出濾波器與環路響應的函數。

對大多數的應用而言，輸出需要多久時間回復，並不是非常重要的，重要的是回復暫態之值有多大。例如在5V的直流輸出上若有超過±250mV的暫態電壓值，則對TTL來說，可能會有潛在性的危險，圖9-19(b)所示乃爲最好亦是我們所期望的回復響應，並具有在每十進−20dB處整個環路增益會通過單位增益，而且相位邊限大於90°。在圖9-19(c)所示也是一個可接受的回復響應，而其振鈴現象在一個或二個週期就會被減弱了，在此情況，整個環路增益會在非常接近每十進−20dB斜率處通過單位增益線，而其相位邊限會介於90°與45°之間。圖9-19(d)所示則是處於邊限上的穩定，而且電源供給器會有振盪的現象，並具有很差的相位邊限。

至於實際穩定度之量測可以藉由人工或是電腦之方式來完成。所謂人工之方式就是使用特殊之儀器，例如網路分析儀、信號產生器等等。而更可靠與更快速之結果亦可藉由電腦來達成。例如Venable Industries Ine.就有發展一套電源供應器在頻率響應分析、合成、模式化與測試上之設計工具。因此，工程師只要藉助個人電腦與週邊之設備就可以在幾分鐘內完成誤差放大器或補償器之最佳化設計。

第十章

電磁與射頻干擾(EMI-RFI)的考慮 (ELECTROMAGNETIC AND RADIO FREQUENCY INTERFERENCES (EMI- RFI) CONSIDERATIONS)

10-0 概論(INTRODUCTION)

美國與國際上的EMI-RFI標準已經建立完成，而此需要電子裝置的製造者，將其裝置的輻射與傳導干擾減至可接受準位的最低值。在美國此標準的指導文件乃為美國聯邦通信委員會所規定的FCC Docker 20780，然而在國際間則以西德電氣技術員協會的VDE安全標準被廣範的使用。

因此，要去了解FCC與VDE標準，乃為重要之事；說得更恰當一點最終的裝置，在此所用的為轉換式電源供給器，必須符合EMI-RFI的規格。正當如此，所以即使轉換式電源供給器有輸入濾波器，當被動式負載被供給電源時，濾波器也能與電源供給器匹配，而且當用於功率主動的電子電路時，其特性與抑制能力會徹底地受到改變。

本章就是要嘗試介紹有關傳導的RFI問題讓讀者有所了解，而且為了使它能減至最低值並提供一些建議，使其能夠適用在電源供給器或是最終的系統上。

10-1 FCC與VDE傳導的雜訊規格 (THE FCC AND VDE CONDUCTDE NOISE SPECIFICATIONS)

FCC與VDE的標準規格會與RFI抑制有關係，其產生之因乃由於裝置連接至使用高頻數位電路的交流主線上。VDR標準將其RFI規定細分為兩大類，第一類為由裝置偶發產生的高頻，其額定頻率由0至

10kHz，這一類的標準為VDE-0875與VDE-0879，而第二類乃處理由
裝置非偶發產生的高頻，其使用的頻率在10kHz以上，這一類的標準
為VDE-0871與VDE-0872。

在另一方面，FCC標準包括了所有電子元件與系統的RFI規定，
所產生與使用的時間信號或脈波是在額定頻率10kHz以上，在圖10-1
則扼要說明FCC與VDE的RFI需求。

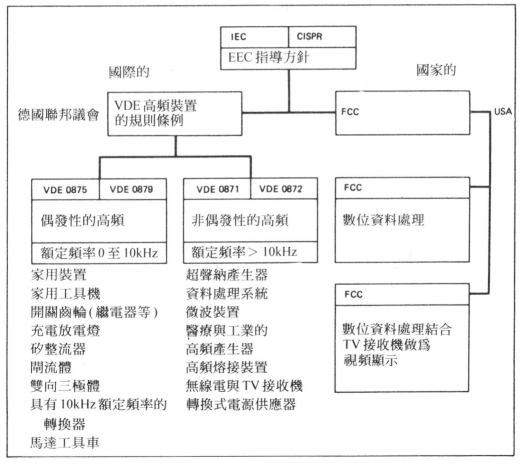

圖10-1　為FCC與VDE的EMI-RFI需求概要

　　FCC EMI-RFI規定非常接近於VDE的規定，FCC A類的規定含蓋了商業、廣播與工業上的環境，而且依從所指定的EMI放射(dB-μV)使能夠被任何裝置所合適，並滿足VDE-0875/N或VDE-0871/A，C標準規格。

　　在另一方面，FCC B類的需求包含了與居住有關的環境，而且其規定較A類來得更嚴厲些，然而這二類的FCC傳導EMI-RFI規格所包含的頻率範圍由450kHz至30kHz，VDE規定擴大低於450kHz範圍含蓋了10kHz至30MHz的頻譜，在圖10-2所示為傳導RFI放射的FCC與VDE曲線。

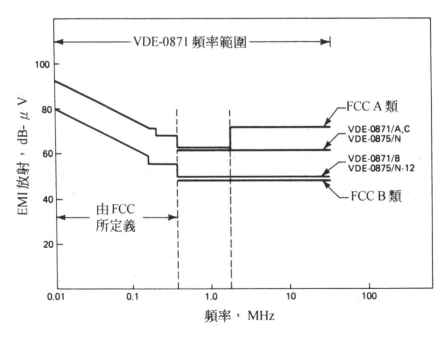

圖10-2　FCC與VDE規定曲線在傳導雜訊上dB-μV所示最大可允許的RFI放射

10-2　在轉換式電源供給器中RFI的來源 (RFI SOURCES IN SWITCHING POWER SUPPLIES)

　　每一個轉換式電源供給器都會有RFI來源的產生，這是因為在轉換器的操作中，其電壓與電流波形具有非常快速的上升與下降時間，轉換雜訊的主要來源是轉換電晶體，主要的整流器、輸出二極體、電晶體的保護二極體與控制電路本身，依轉換器使用的種類而定，在主輸入端上RFI雜訊準位可能會每況愈下受到改變。

　　返馳式轉換器在設計上具有三角形的輸入電流波形，而順向回輸或橋式轉換器則具有矩形的輸入電流波形。因此，前者會較後者產生較少傳導的RFI雜訊，由傳立葉分析(fourier analysis)所示在每十進40dB之處，三角形電流波形的高頻諧波振幅會下降，而對可比較的矩形電流波形則在每十進20dB之處下降。

10-3　RFI抑制用的交流輸入線路濾波器 (AC INPUT LINE FILTERS FOR RFI SUPPRESSION)

　　雜訊抑制最普通的方法是在轉換式電源供給器的交流主線上，利用LC濾波器來做微分與共模態的RFI抑制。一般正常情況耦合電感器是與每一條交流輸入線串聯在一起，而電容器則置於輸入線之間(稱之為X電容器)，以及每一條輸入線與地端之間(稱之為Y電容器)。

這些元件的電容值與電感值可在下面範圍之內：

C_X：0.1 μ F至2 μ F

C_Y：2200pF至0.033 μ F

L：在25A為1.8mH至0.3A為47mH

在圖10-3所示就是一個標準的轉換式電源供給器的輸入線路濾波器。

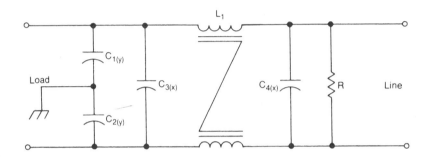

圖10-3　轉換式電源供給器輸入線路濾波器做為交流主線路 RFI 雜訊抑制

在選擇濾波器元件時，重要的是我們必須確定輸入濾波器的共振頻率要低於電源供給器的工作頻率，在另一方面，當電源供給器的工作頻率增加時，傳導雜訊的濾波作就變得非常容易了。

在濾波器的交流線兩端的電阻器R，是做為X電容器放電路徑之用，而安全規格則使用VDE-0806與IEC-380標準。事實上，電路中的放電電阻器之值可由下式求得：

$$R = \frac{t}{2.21C} \tag{10-1}$$

在此 $t = 1s$，而C為所有X電容值總和(μ F)。

例題 10-1

試計算圖10-3濾波器的放電電阻值R，而C3(X)＝C4(X)＝0.1

μF。

解：利用(10-1)式，則

$$R = \frac{t}{2.21C} = \frac{1}{(2.21)(0.2)} = 2.2 \text{ M}\Omega$$

若更進一步減少對稱與非對稱的干擾電壓，則可在線路上加入額外的扼流圈L_2，即可達成目的，如圖10-4所示，至於所加入的扼流圈L_2會導致電容器$C_4(X)$的充電電流有個限制。

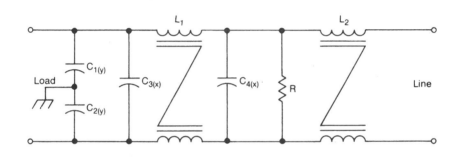

圖10-4　結合二個線上扼流圈改進交流線路濾波器

雖然此電路能夠抑制RFI的產生至可接受的準位，但是，重要的是我們必須知道，如果電源供給器的封裝或配置有所改變時，而此一定的濾波器就有可能無法正確地工作。我們來詳盡的說明此要求，如果使用高頻波形的功率電晶體或是功率整流器直接安裝在電源供給器的底板上，它們之間僅使用雲母絕緣體，而且如果底板被連接至交流地端導體上，此時所產生的RF雜訊將會被耦合至地端導體上，因此就會破壞了特別主濾波器的效果。我們可得知TO-3封裝型式的轉換電晶體若工作在20kHz的頻率與200V的輸入電壓下，並經由雲母絕緣體安裝在地端散熱片上，此時在1MHz時會有1mA的RF電流產生，解決之法就是在絕緣體之間插入金屬隔離物，並且將隔離物折回至直流地端，此方法能夠有效地由雲母絕緣體產生電容器的"短路"現象，因此能減少RF雜訊電流。

在減少或消除RFI-EMI的問題時，電源供給器與系統的配置是非常重要的，因此在正確選擇線路濾波器之前，設計者應多加考慮並分析所有可能潛在的問題。

參考資料

有關EMI-RFI的標準規定，可參考如下的原始文件資料：

1. VDE-0875/6.77

2. VDE-0871/6.78

3. FCC Docket 20780

4. Docket 80-284, FCC 81-69

第十一章

電源供給器電氣安全標準
(POWER SUPPLY ELECTRICAL SAFETY STANDARDS)

11-0　概論(INTRODUCTION)

本國與國際上的安全統制機構已建立完成電氣化安全標準(electrical safety standards)，它們對製造的裝置與電元件會有明確的陳述與指導，以提供具有安全與高品質的產品給終端使用者。這些標準的目的就是用來預防損害或破壞的產生，其發生之因乃由於電震(eletrical shock)，著火、機械上與熱的危險等所造成。

一般而言，每一個國家都可以建立自己本國的電氣安全標準，但是大多數的電源供給器製造廠商都是使用IEC(international electrotechnical commission)、VDE、UL(underwriters' laboratories)與CSA(canadian standards association)標準作為解決安全之需求，而用於商業機械上的西德安全標準VDE-0806乃是以IEC的推薦書IEC-380做基礎的，而且顯然的此標準對電源供給器而言，乃是最嚴厲的電氣安全標準。對美國與加拿大的標準來說，一般所設計的電源供給器必須滿足資料處理裝置的安全標準，也就是UL-478與CSA-C22.2 N0.143-1975。

除非有其它方面的指定說明，在本書中的VDE、UL與CSA安全標準乃依據以上的需求。

11-1 電源供給器結構的安全需求(POWER SUPPLY CONSTRUCTION REQUIREMENTS FOR SAFETY)

11-1-1 空間需求(Spacing Requirements)

　　UL、CSA與VDE安全規格會在活性元件之間，以及活性元件與固定金屬元件之間，強制規定特定的空間需求。UL與CSA需要高達250V_{ac}反極性的高壓導體，或是高壓導體與固定的金屬元件，除了被覆線端點外，必須有超過表面或是經由空氣中0.01in的分隔距離。在VDE標準中規定在交流輸入線之間需要有3mm的沿面距離(creepage distance)或是2mm間隙距離，以及交流線與地端導體之間需要有4mm的沿面距離或是3mm的間隙距離，而在IEC標準中則規定在交流輸入線之間需要有3mm的間隙距離，以及交流線與地端導間之間需要有4mm的間隙距離，加上VDE與IEC在電源供給器的輸入與輸出部份之間規定需要有8mm的滿額空間，在此有點要注意的是，UL標準中所謂的超過表面的分隔距離，在VDE標準中則稱之為沿面距離，而UL經由空氣分離距離的定義會與VDE的間隙距離一致的。

　　在圖11-1所示就是測量間隙距離與沿面距離之間的不同之處，在圖11-1(a)所研究的路徑中，包括了一個小於80°的內角與大於3mm寬度的V型凹槽，以及具有一任何深度且寬度小於1mm的平行或收斂邊(converging-sided)的凹槽，在此情況規則中所敘述的間隙就是"視線距離"，其在凹槽之上所測量的。沿面距離則是在凹槽表面所測量得到的，但是在V型凹槽的底部我們則取1mm的路徑，如圖所示。任何凹槽的沿面距離若少於1mm寬時，則其寬度會被限制，也就是此時僅有間隙距離適用。在圖11-1(b)所示則包含一個圓拱狀外圍所得之路徑。

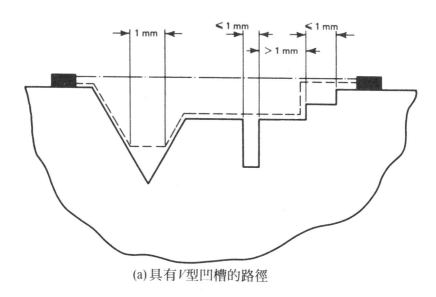

(a)具有V型凹槽的路徑

說明：--- 沿面距離
      -·- 間隙距離

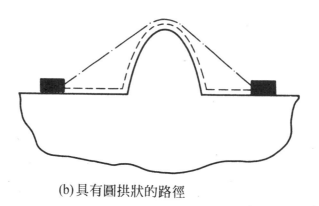

(b)具有圓拱狀的路徑

圖11-1　在VDE所指定的安全標準中測量間隙與沿面距離

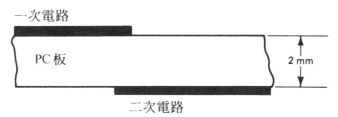

(a)一次電路的路徑與二次電路的路徑相反時

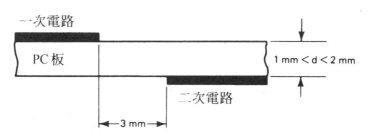

(b)印刷電路板厚度大於1mm但是小於2mm時

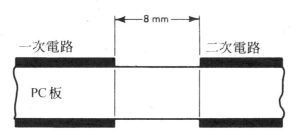

(c)一次電路與二次電路的路徑彼此互相面對時

圖11-2 正確的電路板設計必須在電源供給器的一次與二次電路
之間滿足VDE標準的間隙與沿面距離需求

在圖11-2所示為電源供給器的一次電路與二次電路之間為了達到間隙與沿面距離所設計不同印刷電路板的例子。在圖11-2(a)所示，如果一次電路的路徑與二次電路的路徑相反時，印刷電路板的厚度必須有2mm最小值，當印刷電路板厚度大於1mm，但是小於2mm時，則一次與二次電路的路徑必須分開至少3mm的距離，如圖11-2(b)所示。如果一次電路與二次電路的路徑彼此互相面對時，如圖11-2(c)所示，此時則必須有8mm的間隙距離。

11-1-2 電介質測試承受度
(Dielectric Test Withstand)

對裝置上的額定電壓為$250V_{ac}$或是更小時，在UL與CSA標準規格中需要做輸入至輸出與輸入至地端的高電位隔離測試(Hi-pot isolation test)，也就是在1分鐘內提供$1000V_{ac}$的測試，或是在1秒內提供$1200V_{ac}$的測試，而此交流電壓必須為50Hz或是60Hz的正弦波。

而在VDE標準規格中則需要做下面的電介質(dielectric)測試：在每一條輸入交流線與二次額外低電壓(SELV)輸出電路之間提供$3750V_{ac}$的高電位測試；交流線與地端導體之間則使用$2500V_{ac}$的電壓；而地端導體與二次SELV輸出電路之間則提供使用$500V_{ac}$的電壓；並且在交流輸入線之間則提供$1250V_{ac}$的高電位測試，所有以上的測試時間為1分鐘，如果所有的測試電壓增加10％的話，則測試時間可減至1秒鐘。

11-1-3 漏電流測量
(Leakage Current Measurements)

　　在UL與CSA標準規格中需要所有露出的固定金屬元件必須予以接至大地端，而且經由連接至地端的1500Ω電阻器來測量漏電流，其值必須不可超過5mA。

　　在1.06倍的額定電壓下，經由1500Ω電阻器與150nF電容器並聯來測量漏電流，因此 VDE標準規格允許下面的漏電流值：對於可攜帶的事務裝置(＜25kg)，其漏電流值為0.5mA；對於不可攜帶的事務裝置，其漏電流值則為3.5mA；而對於資料處理裝置，其最大的漏電流值則為3.5mA。

　　而日本所允許的最大漏電流值為1mA，其測量是經由1000Ω電阻器，而線頻率則高達1kHz，如果有較高的漏電流，則在裝置上就需要隔離變壓器了。當線頻率在1kHz以上時，最大漏電流值會成對數地增加，在30kHz時則為20mA。

11-1-4 絕緣電阻(Insulation Resistance)

　　在VDE標準規格中，輸入端與SELV輸出電路之間需要有7.0MΩ的最小電阻值，而輸入端與較容易受變動的金屬元件之間，則需要有2.0MΩ的最小電阻值，而其外施電壓則為1分鐘500V_{ac}。

11-1-5 PC板需求(PC Board Requirements)

　　UL與CSA規格也提供可燃性(flammability)標準，也就是所有PC板必須被UL認可為94V-2或是更好的材料，而VDE規格亦接受這些標準。

11-2　變壓器結構的安全需求
(POWER SUPPLY TRANSFORMER CONSTRUCTION FOR SAFETY)

　　由於VDE標準規格中，對於變壓器的設計，製造與利用都有較嚴格的規定，以滿足大多數其它國家的安全需求，因此，在這裏我們以更深入的方式來討論它們。因為VDE標準規格中，對變壓器結構沒有可燃性需求，因此，UL標準可被用來使用，而其需要用在變壓器結構中的所有材料，必須有94V-2或是更好的額定值。

11-2-1　變壓器的絕緣(Transformer Insulation)

　　變壓器的繞組依照需求，如圖11-3與表11-1所示，必須以絕緣做物理上的分隔。在繞組線上的亮漆(enamel)、瓷漆(lacquer)或洋漆(varnish)塗料，以及其它的金屬元件、石綿與會吸收水分的材料，在此需求的目的之內則不考慮絕緣。

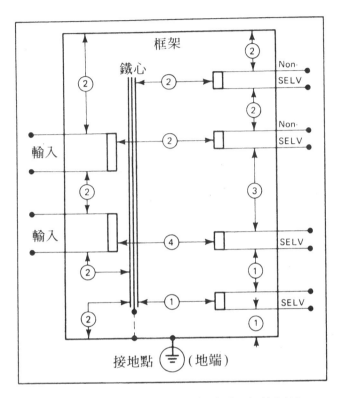

圖11-3　由VDE標準所規定變壓器絕緣距離

表11-1　變壓器的絕緣距離

參考號碼	工作電壓		
	U < 50*	*50 ≤ U ≤ 250*	*U > 250*
1	1 ply†	—	—
2	1 ply	2 plies or 0.5	2 plies or 0.8
3	3 plies or 0.5 or 2 plies/screen/2 plies	3 plies or 0.5 or 2 plies/screen/2 plies	3 plies or 0.8
4	—	3 plies or 2.0 or 2 plies/screen/2 plies	—

*符號U表示指示點之間的工作電壓。
＋每疊最小的厚度為0.1mm。

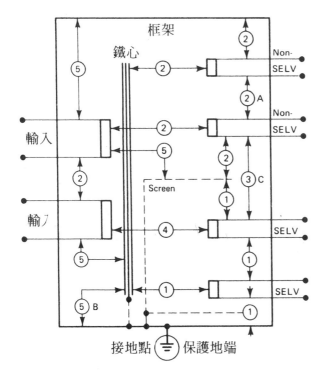

① 500

② 1250 ；或是當 U > 250 時，則為 2U + 750，而且在此為指示應用點之間的工作電壓。
或是當安全隔片予以省略，或是鐵心等沒有接地時，則為①＋②＝③。

③ 2500 ；或是當 U > 250 時，則為 2U + 2000 。

④ 2500 ；或是當安全隔片予以省略時，則為 3750 。

⑤ 2000 ；或是當安全隔片予以省略，或是鐵心等沒有接地時，則為①＋⑤ ＝ 3750 。

(A) 當 U < 50 時，則所指示的值可以減少至 500V 。

(B) 不管安全隔片什麼時候使用，則鐵心等最好連接至地端。

(C) 在此產品僅需額定於 60Hz 時，則③、④與⑤的關係就會變成為②的關係。

圖 11-4　VDE 變壓器的電介質強度

11-2-2　變壓器電介質強度 (Transformer Dielectric Strength)

當使用複合層的絕緣厚度時，任何兩層之間必須能夠承受電介質強度值，如圖11-4所示，在此絕緣層是接觸在一起的，而且測試電位則加諸於外部表面，所用的交流電位必須具有50Hz或是60Hz的正弦波，而且測試時間需要1分鐘，在電介質強度測試期間，不會有絕緣破壞或是閃絡(flashover)現象產生。

11-2-3　變壓器絕緣電阻 (Transformer Insulation Resistance)

絕緣用於變壓器的結構中必須在繞組之間，以及在繞組與鐵心和框架金屬板之間，必須擁有10MΩ的最小電阻值，並在1分鐘之內提供$500V_{ac}$的電壓。

11-2-4　變壓器沿面與間隔距離(Transformer Creepage and Clearance Distances)

在繞組之間的空間間隔；在繞組與端點、金屬板、鐵心、框架、繞組通過引線之間的空間間隔；在端點之間的空間間端；以及在端點——鐵心與框架之間的空間間隔——必須依據圖11-5與表11-2之值，沿面與間隙距離之值是植基於繞組線塗上一層洋漆來做假設的。

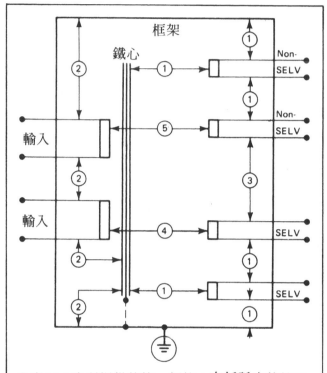

①表11-2中所提供的第一個值；在括弧中的第二
　個值則沒有提供。
②若為1.6時，則 U < 130；若為 2.0， U > 130。
③表11-2的括弧中所提供的第二個值。
④6.0；變壓器僅額定在60Hz時,則為1.6。
⑤若為1.6時，則 U < 130；則最小值為2.0或是
　在表11-2中 U > 250的第一個值。
注意：在此產品若僅額定於60Hz時，則③的關
　　　係就會與①的關係相同。

圖11-5　變壓器沿面與間隙距離

表 11-2　在次級電路中沿面與間隙需求(單位為毫米)

U＝工作電壓		50 Hz all VA 50/60, 50–60 Hz < 200 VA		>200 VA 50/60 or 50–60 Hz, 60 Hz	
最高極限的 RMS 電壓	最高限極的 峰值電壓	最小 間隙值	最小 沿面值	最小 間隙值	最小 沿面值
12	17	0.19 (0.38)	0.40 (0.80)	0.19 (0.38)	0.40 (0.80)
30	43	0.28 (0.56)	0.55 (1.10)	0.28 (0.56)	0.50 (1.10)
60	85	0.38 (0.76)	0.72 (1.44)	0.38 (0.76)	0.72 (1.44)
100	141	0.62 (1.24)	1.12 (2.24)	0.62 (1.24)	1.12 (2.24)
125	177	0.62 (1.24)	1.12 (2.24)	1.60 (1.60)	1.60 (2.24)
130	184	0.62 (1.24)	1.12 (2.24)	2.40 (2.40)	2.40 (2.40)
250	354	1.15 (2.30)	1.95 (3.90)	2.40 (2.40)	2.40 (3.90)
380	540	1.75 (3.50)	2.80 (5.60)	9.50 (9.50)	12.7 (12.7)
500	710	2.40 (4.80)	3.70 (7.40)	9.50 (9.50)	12.7 (12.7)
600	850	3.60 (7.20)	5.60 (11.2)	9.50 (9.50)	12.7 (12.7)
750	1060	3.60 (7.20)	5.60 (11.2)	19.0 (19.0)	19.0 (19.0)
1000	1410	4.90 (9.80)	7.50 (15.0)	19.0 (19.0)	19.0 (19.0)
1250	1770	6.20 (12.4)	9.50 (19.0)	19.0 (19.0)	19.0 (19.0)
1500	2120	7.50 (15.0)	11.6 (23.2)	19.0 (19.0)	19.0 (23.2)
2000	2820	10.2 (20.4)	15.5 (31.0)	19.0 (20.4)	19.0 (31.0)
2500	3540	13.0 (26.0)	20.0 (40.0)	19.0 (26.0)	20.0 (40.0)
3000	4240	16.0 (32.0)	24.0 (48.0)	19.0 (32.0)	24.0 (48.0)

注意：如果產品僅額定於60Hz，且次級電壓 < 100VRMS 141VRK/dc，或是如果輸出 < 200VA，則沒有特定的空間需求，而且順從的情況可由電介質強度測試來決定。

11-2-5　變壓器的水阻 (Transformer Moisture Resistance)

　　變壓器必須能夠立即順應絕緣電阻值的需求與電介質強度的需求，這是當變壓器若遇上濕度不佳的境況之時，此時相對濕度可為92±2％，而且穩定溫度值則介於20℃與30℃之間，穩定係數(stabilization factor)則為±1℃，此狀況期間的最小值為48小時，變壓器可以被溫度穩定化至不超過4℃，可大於先前情況的濕度溫度值。

11-2-6 VDE規格的變壓器溫度額定值
(VDE Transformer Temperature Rating)

　　在正常操作下對特定的絕緣等級而言，最大的穩定化溫度必須不超過絕緣等級的溫度值，如下面表中所示，在溫度預估期間我們必須考慮在產品或電源供給器範圍內去利用周圍的溫度。

絕緣等級	最大溫度℃
A(105)	100
E(僅使用於50Hz)	115
B(130	120
F(155，僅使用於60Hz)	140
H(180，僅使用於60Hz)	165

　　藉著改變電阻值的方法，則溫度的測量可以被獲得，在此提供變壓器的輸入電壓值為1.06倍的標稱額定電壓值，而且對變壓器額定在50Hz、50Hz至60Hz，或50/60Hz，其頻率則在50Hz，以及若對變壓器同樣的額定，其頻率則在60Hz。

　　當示於表中的溫度約被減少15℃左右時，熱偶(thermocouples)可用來達到測量溫度的目的，此方法是可接受的，當非順從(noncompliance)情況是由熱偶方法所決定時，改變電阻值的方法仍然可以被用來使用，做為最終順從(compliance)決定。

11-2-7　UL與CSA規格的變壓器溫度額定值 (UL and CSA Transformer Temperature Rating)

　　當升高至周圍溫度(25℃)以上時，UL與CSA規格會額定變壓器的溫度，可使用兩種方法來做溫度的測量，也就是所謂的熱偶方法或電阻值方法，下表所示就是可接受的溫度升高。

絕緣等級	升高至周圍溫度以上的最大值℃	
	熱偶方法	電阻值方法
105	65	75
130	85	95
155	110	120
180	125	135

參考資料

　　在電氣安全標準上，若要有深入且完整的資料，讀者可參考下面的原始草案：

1. UL-478:
2. UL-114:
3. CSA-C22.2 No. 154-1975:
4. CSA-C22.2 No. 143-1975:
5. IEC-380:

6. IEC-435:
7. VDE-0730/Part 2P:
8. VDE-0806/8.81:

國家圖書館出版品預行編目資料

高頻交換式電源供應器原理與設計 / George C.
　　Chryssis 著；梁適安譯. -- 初版 -- 台北市 ： 麥
　　格羅希爾出版 ： 全華發行, 民 84
　　　　面 ： 公分
　　譯自 ：High-frequency switching power
supplies : theory and design, 2nd ed.
　　ISBN 978-957-8967-69-4

　　1. 電子工程

448.6　　　　　　　　　　　　84004117